オールカラー
&図解で
手に取るように
わかる!

電車を運転する技術

安全、定時、快適な
運転の秘訣

西上いつき Itsuki Nishiue
元・運転士、IY Railroad Consulting代表

SB Creative

はじめに

「大きくなったら、何になりたい？」

先日、実家に帰り、荷物を整理していると、幼稚園の卒園アルバムの中に、そんなページを見つけました。私のパートを見てみると、なんと「電車の運転士さん」と書いていて、これには驚きました。私はその20年後に運よく運転士になる夢がかないましたが、今も昔も「電車の運転士さん」は、小さな子どもたちの憧れの職業です。そして、実は子どもだけでなく、大人になっても**「電車を運転してみたい」**と思っている方は多いはずです。なぜなら、かの有名な電車シミュレーションゲームがロングセラーであることや、49歳の中年男性が電車の運転士になる物語の映画が大ヒットしたからです。

実際、運転士というポジションは、鉄道会社の中でも花形です。電車の先頭にあるのが運転台と呼ばれる操縦席ですが、その運転台はそう簡単に立ち入れる場所ではなく、「聖域」と表現されたりもします。鉄道ファンや一般の方はもちろん、車掌や駅員は業務でも必要な場合以外、また社長でさえ、許可証がなければ運転台へ入れないといいます。

その運転台の内側はというと、ひとたび入って乗務員扉を閉めれば、中は予想以上の静けさです。

ラッシュの時間帯で客室が満員であっても、運転士にとってはとても集中しやすい環境となっています。また当然、国家資格である免許が必要になりますから、免許を取得して正しい知識・技能を持った者にのみ運転は許されています。

運転士の先輩からは、つねづね「運転士は運転手と違う」という話を聞いてきました。その意味については諸説ありますが、マイカーを運転するだけでも運転手にはなれますが、運転「士」は、特別な役割を与えられた人だから、ということです。神格化しているようですが、それほど**運転士のスピリットは、古くから誇り高く育て上げられ、脈々と受け継がれてきた**わけです。

さて、ここまで元・運転士として、運転士についてひいき目に書かせていただきましたが、鉄道ファン・鉄道関係者以外の一般の方にとっては意外とそうでもなく、鉄道にまったく興味のない方に運転士について聞くと、「ほとんど自動で楽なんでしょう？」とか「そもそも駅員と運転士ってどう違うの？」といわれることもあります。

個人差はあるかと思いますが、果たしてみなさんは「電車の運転」について、どのくらいご存じでしょうか？　ゲームで腕を鍛えて、「運転士のことなら、かなり知識がある！」と自信がある方もいるかもしれませんが、かたや「自動車と同じ丸いハンドルがあって、アクセルは足で踏んで動かす」と思っている方も多いようです。

ひとまず、大前提として、運転士は電車の一番前に乗って、駅から電車を動かして止める役割です。運転士の業務というのは、基本的には「電車の運転」のみなのです。そして、装置さえ知っていれば、誰でも「電車を動かす」のは簡単です。しかし、それだけが「電車の運転なのか？」というと、決してそうではないでしょう。多いときは1000人を超える乗客を運ぶ運転士の頭の中には、乗り心地のための細やかなハンドル操作のテクニック、天候や非常事態、状況に応じた時間管理、はたまた精神面でも常に安定した気持ちで臨むセルフ・コントロールなど、さまざまな素養が求められます。このあたりは、まだまだ世の中で知られていないことが多いかもしれません。

この本は、「なるべくいろいろな方に電車の運転を知ってもらいたい」という思いを込めて書きましたので、一般の方を置き去りにしないように表現したつもりです。それゆえ、熱心な鉄道ファンの方にとっては、簡単に感じるところもあるかもしれませんが、**運転士にしかわからない「ならでは」の話も随所に散りばめましたので、一運転士の気分に浸って、読んでいただければうれしいかぎりです。**

なお、鉄道車両や路線、事業者ごとに規則などは多種多様ですから、例えば「このような場合もある」などのご指摘もあるかもしれませんが、私の経験に基づいた話が中心となるので、そのあたりは、どうかご容赦いただければ幸いです。

2020年7月　西上いつき

もくじ

第2章 運転士の勤務のリアル …… 85

第5章　こんなときどうする？ 状況別の運転技術

第6章 電気機関車、新幹線、蒸気機関車、地下鉄の運転 …… 221

第1章

「電車」はどうやって運転するのか？

1 「電車」は鉄道のなかでいちばん身近な存在

鉄道は日本国内において、長年にわたり陸上交通機関の中心的存在として人々の移動の足となっています。年間200億人を超える輸送人員と約200の事業者の存在が、その規模を物語っています。

その鉄道の中でも、2本の軌条（レール）を敷設して、鉄の車輪を持つ車両が走るものが「**普通鉄道**」と呼ばれるもので、一般的に想像されるのはこちらかもしれません。その他にも、いわゆる「モノレール」と呼ばれる「跨座式鉄道」や「懸垂式鉄道」、ゴムタイヤで走行する「案内軌条式鉄道」、はたまた磁石の反発力で動く「浮上式鉄道」など、さまざまな形があります。

この本では普通鉄道でも特に、電気で走る「**電車**」の話がメインになります。さらに電車の中でも、基本的には旅客を輸送することを目的とする列車、**特に都市間列車や通勤列車の運転**についての話が多くなります。

このように「鉄道」といっても、かなり細かく分けられますが、主に取り上げるのは珍しい鉄道ではなく、多くの人にとってたいへん身近な鉄道なので、頭の中にイメージを思い浮かべやすいでしょう。

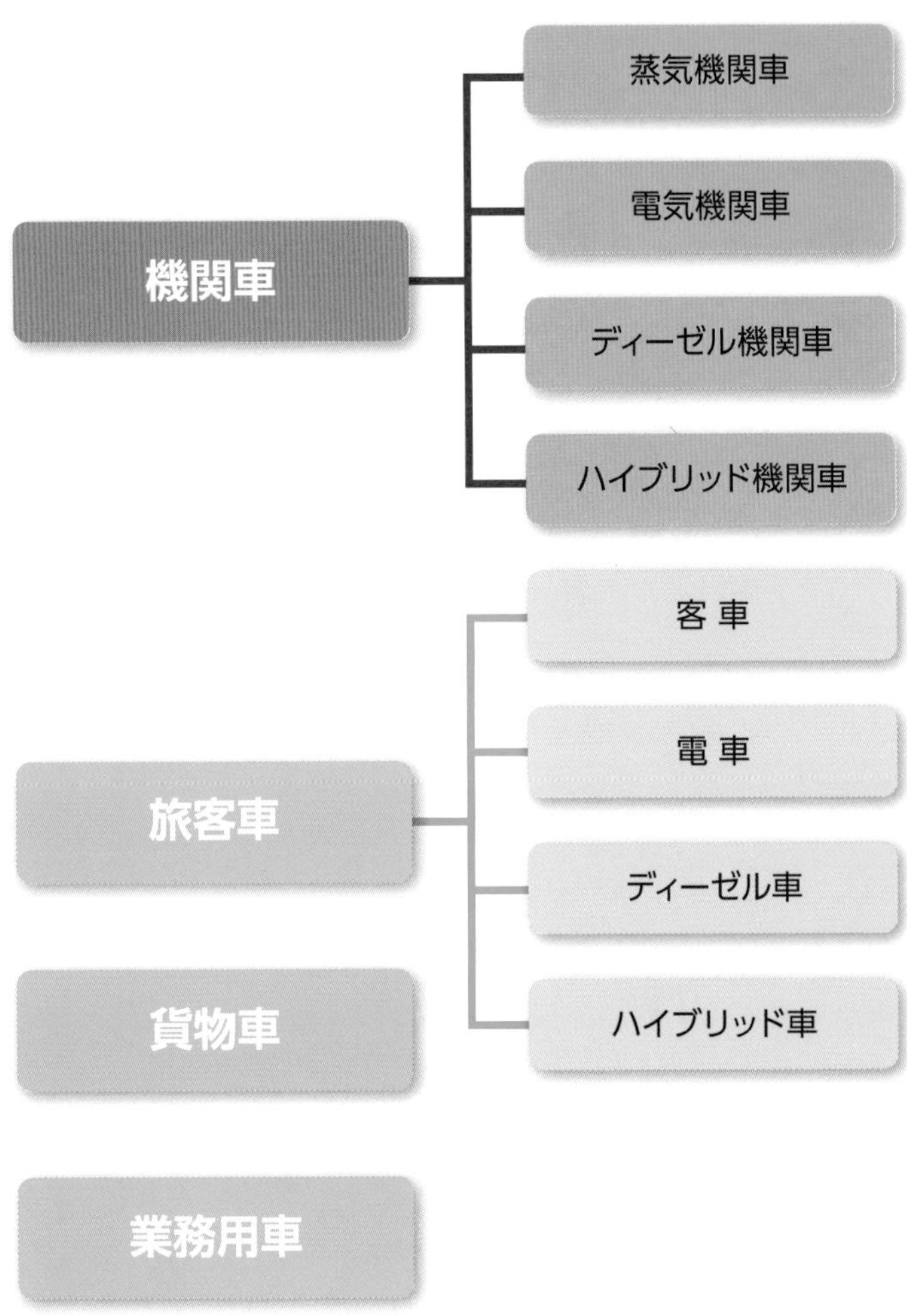

機能別の分類
本来は電気で走行するから「電車」なのですが、最近はディーゼル車や旅客車以外も含めて、列車のことを広義に「電車」と呼ぶことが多くなりました。

さて、列車の一番先頭には**運転士**がいるのはご存じの通りですが、運転士は具体的にどのような装置を使って操縦し、何を考えて、どう過ごしているのかまで知っている人は、多くないでしょう。そこでまずは、運転士になったつもりで、まずは運転席に座るところから、目的駅に到着して停車するところまでを見ていきましょう。

法令上の分類

種類によってそれぞれ用途が違うことはわかるかもしれませんが、例えば大阪メトロの大半は軌道法で運営されており、鉄道・軌道を見た目で判別することは困難です。

種類	概要	例
普通鉄道	2本のレールを敷設して走行する、一般的な鉄道	JR、私鉄、第三セクター、臨海鉄道など
軌道	道路に敷設された路面電車など	広島電鉄市内線など
懸垂(けんすい)式	空中に支持されたレールに吊り下げられたモノレール	湘南モノレール
		千葉都市モノレール
跨座(こざ)式	1本のレールを車両が跨ぐように運転されたモノレール	東京モノレール
		ゆいレール（沖縄都市モノレール）
案内軌条(きじょう)式	ゴムタイヤの車両が案内軌条に導かれて運転するもの	埼玉新都市交通
		ゆりかもめ（東京臨海新交通臨海線）の一部
無軌条電車	架線に誘導されて路面を走る電車	立山トンネルトロリーバス（立山黒部貫光）
鋼索(こうさく)鉄道	ケーブルを使い、巻上機で巻き上げて運転する、いわゆるケーブルカー	高尾登山ケーブル（高尾登山電鉄）、六甲ケーブル（六甲山観光）
浮上式鉄道	磁石の反発力で浮上して走行するもの	リニモ（愛知高速交通）

ピンクは「鉄道事業法」、ブルーは「軌道法」に準拠する。

2 運転士が「運転台」に乗り込む前にすること

運転士は、ホームで担当列車を待つときから出発までに、どのような動きをするのでしょうか？一例を見ていきましょう。

●列車進入時

遅れがなければ、列車は時間通りに到着します。進入時に「列車正面の**行先・種別**は間違いないか」「前照灯（ヘッドライト）が**点灯**しているか」「**連結器**が開いていないか」「**パンタグラフ**がすべて上昇しているか」も見ておきます。

列車進入時の確認事項
（行先・種別、前照灯、連結器、パンタグラフ）
行先・種別が正しいか、列車の前面を確認する様子。運転士の確認は指差称呼（喚呼）が基本です。

●引き継ぎ

列車が駅に到着すると、そこまでの担当運転士が降りてくるので交代です。異常の有無の引き継ぎを受けて、**運転台**へ乗り込みます。

●保安装置の確認

乗り込んだら時刻カードや時計をセットして椅子に座ります。すぐに**保安装置**を点検します。具体的には「ＡＴＳ（自動列車停止装置）」「列車無線」「ＥＢ装置（緊急列車停止装置）またはデッドマン装置」などの電源が入っているかを確認します（**4－5**参照）。

●レバーサー、マスコンキーの挿入

意外とご存じない方も多いのですが、電車は実は前後両方に進めます。それを指示するための装置として、**レバーサー**や**マスコン**（**マスターコントローラー**）**キー**を入れて、レバー位置を「前進」、または逆転ハンドルを「前」に投入します。

●信号を確認する

次の停車駅と発車時刻を**指差し確認**し、その流れで前方にある出発信号機を見て、「出発進行」

と指差し、声を出して確認します。

●出発時刻に目を落とす

セットしてある懐中時計と、担当の時刻カードを見比べて、「**早発**がないか」を確認します。遅延の場合は、「どのくらい遅れているか」を把握しておきます。

●ブレーキ状態の確認

手元の**圧力計**を見ながら、ブレーキを少しずつゆるめ、「所定の圧力があるか」を確認します。

●車掌の閉扉

車掌が「閉」ボタンでドアを閉じ、すべてが正しく閉扉(へいひ)すれば、運転台の**パイロットランプ**(知らせ灯)が点灯します。これを確認し、車掌から「発車してよい」という**出発合図**(ブザーやベル)を受けたら、もう一度だけ時計を確認し、よければブレーキをすべて緩解(ゆるめること)、**マスコンノッチ**を入れて起動します。

いよいよ発車です。重い鉄の塊は、お客さんを乗せてゆっくりと動き出します。一番の緊張の一瞬は、**最初のノッチを投入し、車輪が動きだすまでの間**です。故障があれば電車は動かないからです。ほんの少しの起動ですが、気持ちは**0**（**動かない**）と**1**（**動く**）では**大違い**です。

ここからは「自身の列車をどのように走らせるか」、その技術と日ごろの努力の成果が試される「道のり」が始まります。

● 主幹制御器（マスターコントローラー：マスコン）とは？

鉄道好きの人なら、聞いたことがあるでしょうが、**列車の起動・加速を行うための装置**です。電車の速度は、制御器によりモーターへの電気を調整することでコントロールしますが、この制御器への指示をマスコンの操作で行います。また、その目盛りを**ノッチ**といいます。これを投入すれば列車は動きます。

マスコンのタイプはさまざまありますが、大きく分けて、ブレーキレバーと一体となった「**ワンハンドル**」と、マスコンとブレーキが独立した「**ツーハンドル**」があります。ワンハンドルは、電気指令式ブレーキでなければ使えないので、比較的新しい車両に採用されています。対してツーハンドルは古い車両に多いのですが、鉄道事業者によっては、新しい車両もツーハンドルにしていることがあります。ワンハンドルは、奥がブレーキで、Nがニュートラル、手前が**力行**（りっこう）（自動車でいうアクセルの位置）です。ツーハンドルであれば、ハンドルを押さえながら、基本はレバーを「時計回り」の方向へ動かすことで起動します。

ワンハンドル

ワンハンドルは奥に押し込めばブレーキ、手前に引けばマスコン（マスターコントローラー）で加速といいます。写真は２つが一体になった両手で操作するタイプです。この形の他にも、片手のみで操作するものもあります。近年はこちらが主流です。

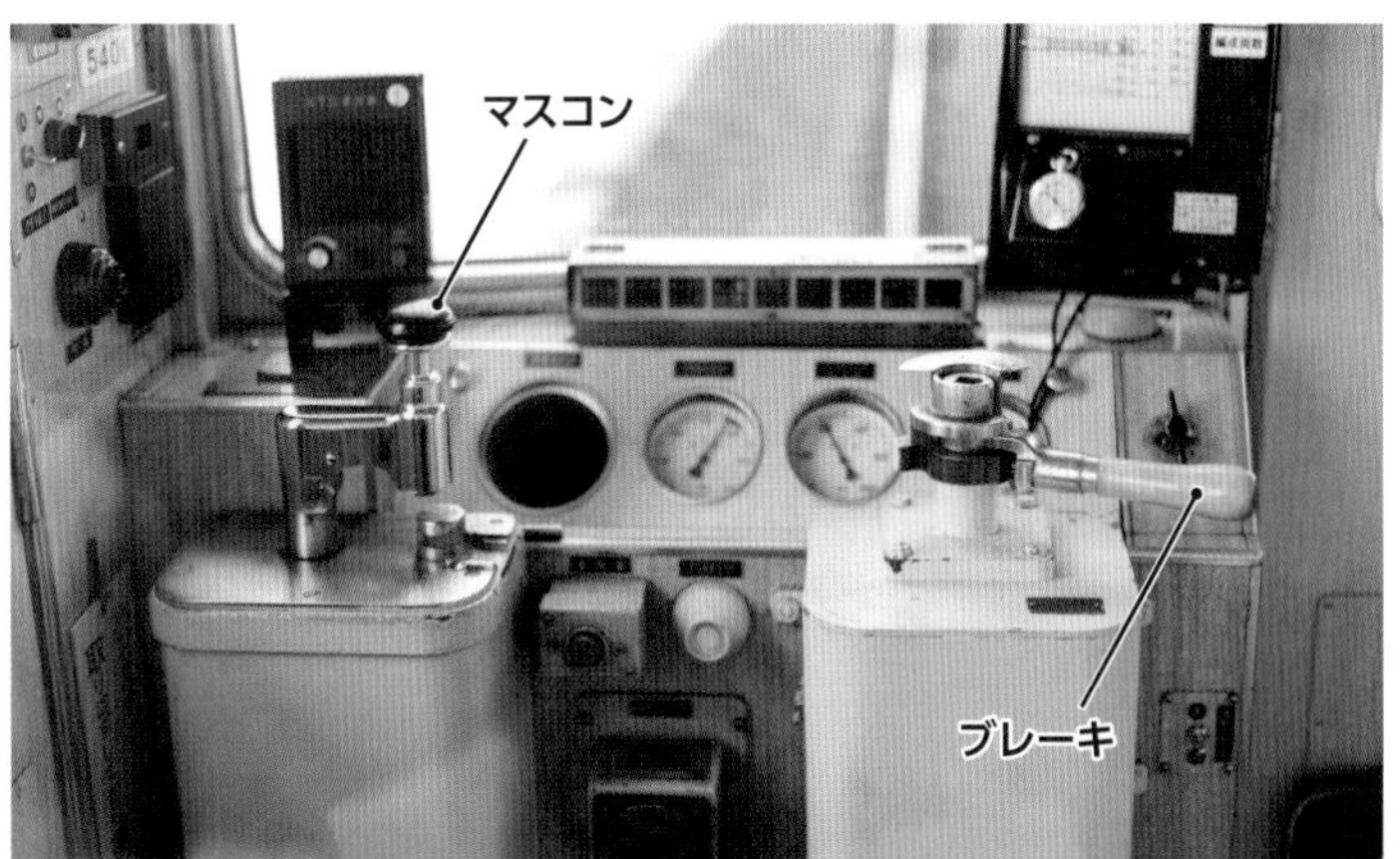

ツーハンドル

右手がブレーキで左手がマスコンと呼ばれる、いわゆるアクセルのようなものです。従来の鉄道はツーハンドルでした。

3 特急向け・各駅停車向けの車両の性能の違いとは？

さて、マスコンでノッチを投入すれば列車は走り出しますが、列車が走行する力のことを**引張力**といいます。引張力から**列車抵抗**（1－8参照）を差し引いたものが**加速力**になります。この加速力を電車に加えて、上昇する「時間あたりの速度の割合」が**加速度**です。

加速力の構成要素には、モーター出力やMT比（1－4参照）、歯車比などがあります。モーターの回転を車軸に伝える装置を歯車装置といい、歯車比は小歯車（ピニオン）と大歯車（ギアー）の歯数の比率のことです。同じモーター出力でも、歯車比が異なれば加速性能は変わります。歯車比が大きいと車輪の回転力が大きく、これは低速域での加速度に重きを置く各停向け（通勤型）など（2.5～3km／h／s）で用いられます。反対に歯車比が小さいと車輪の回転数が大きく高速性能が高いので、特急など（2～2.5km／h／s）で用いられます。これらの関係は、マウンテンバイクなどの変速機つき自転車を思い出せばわかりやすいでしょう。

左図の**力行性能曲線**は、「各ノッチにおける引張力と速度の関係」を示したものです。タイプ①がオーソドックスですが、1N以外は途中まで一定です。そして、高速になるにつれて、ノッチ

※ km/h/s：キロメートル毎時毎秒

によって引張力が変化することがわかります。これは特急車に多い形です。タイプ②は、投入するノッチによって起動後の引張力が違うもので比較的新しく、各停向け（通勤型）に多い形です。

タイプ①
抵抗制御、特急向け

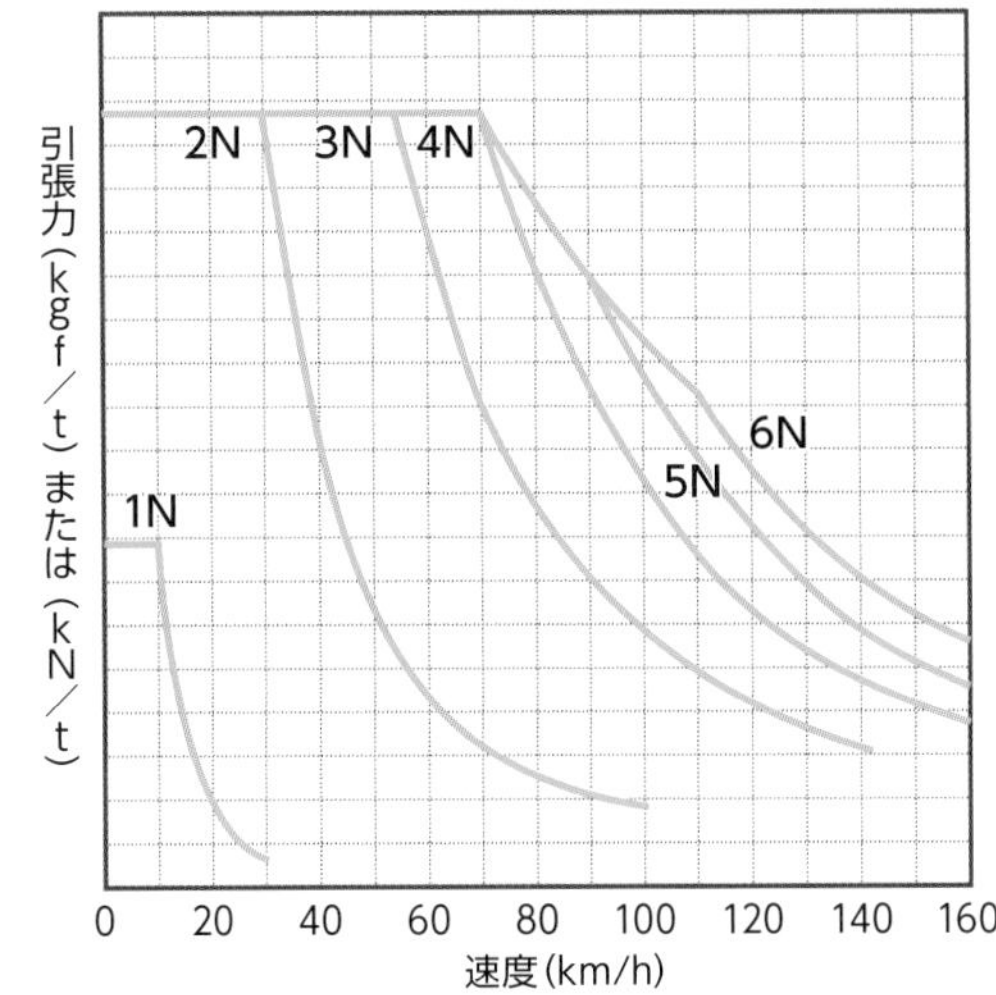

タイプ②
VVVF制御、各停向け（通勤型）

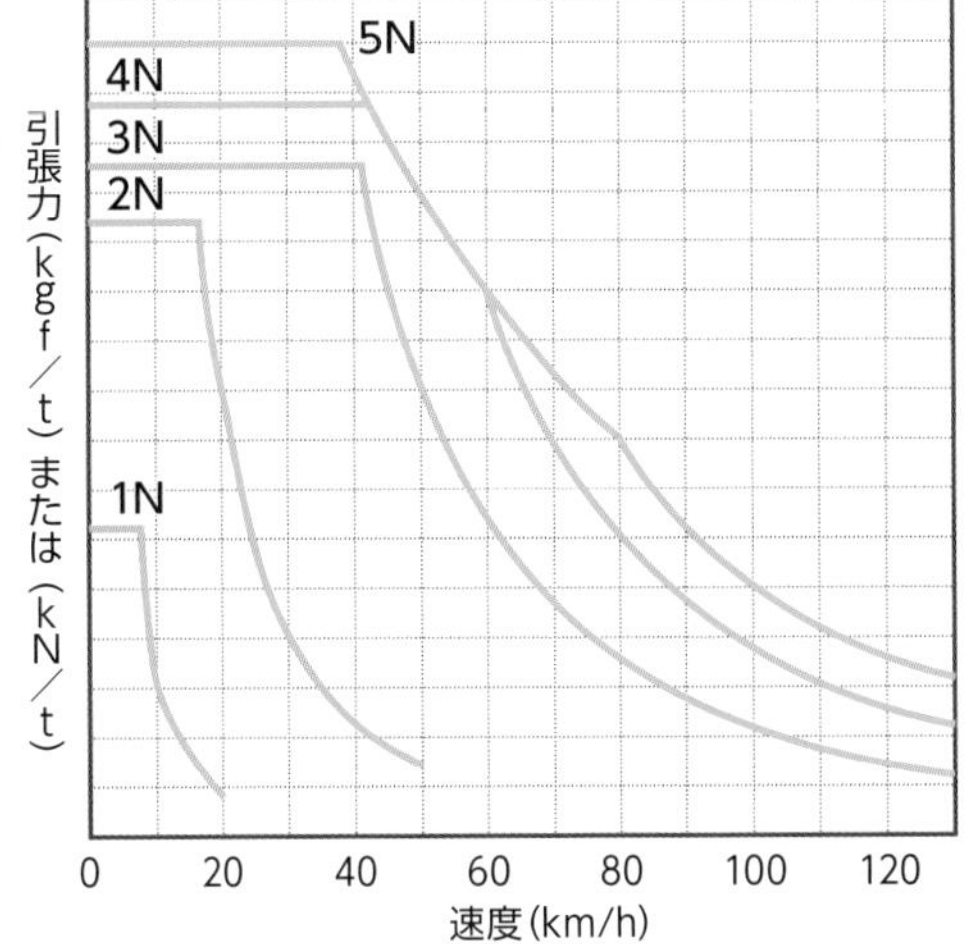

力行性能曲線（一例）
タイプごとの加速性能の違いから、①は都市間を結ぶ中長距離列車、②は通勤電車などの近距離に向いていることがわかります。

4 車輪を動かす「主電動機」と2種類の制御方法

電車は、架線からパンタグラフを経由して電気を取り入れています。電車が走るには車輪が回る必要がありますから、その車輪を回すための主電動機（モーター）があります。このような形で、**電気を使うモーターを動力源としている車両**を、一般的に「電車」と呼びます。

基本的に、1車両に台車は2つあり、その台車に車軸が2本あります。モーターは車軸ごとにあり、歯車に噛ませてモーターの回転を車輪と車軸に伝えています。ただし、すべてが**モーターつき車両（動力車：M車）**とは限りません。一部の編成にはすべてモーターつきの場合もありますが（オールM）、一般的に10両編成中の6両、4両編成中の2両など、モーターのついていない車両（付随車：T車）が組成されていることが多く見受けられます。これらの構成比を**MT比**といい、前述のMT比は、6M4Tで3：2、および4M2Tで2：1となります。

M車が多い編成のほうがよさそうな気がしますが、省エネ・コストの問題で、一概にそうとはいえません。また最近は一つのモーターが高性能になっており、低い比率でも問題なく走ります。なお、新幹線は「オールM」や「7：1」など、MT比が高く設定されているという特徴があります。

台車についている新幹線の主電動機

新幹線の台車についている主電動機（モーター）。各車軸に1つずつ平行に設置されており、モーターの回転子軸と小歯車をつなぐことで車輪に動力を伝えます。

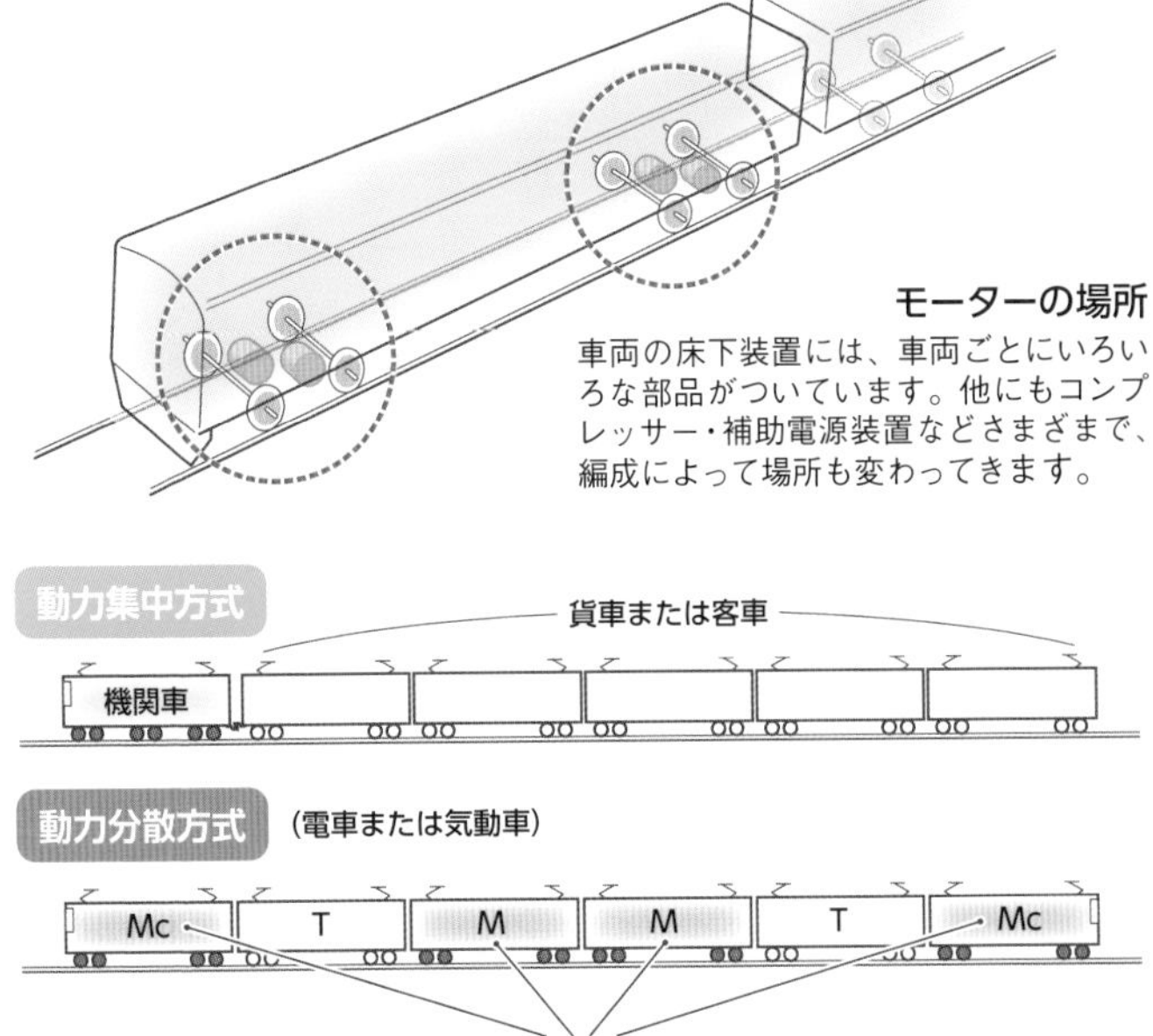

モーターの場所

車両の床下装置には、車両ごとにいろいろな部品がついています。他にもコンプレッサー・補助電源装置などさまざまで、編成によって場所も変わってきます。

MとMcが動力（列車を直接動かすためのモーター）を持っている車両。Mcの「c」は運転席のこと。

動力分散方式と動力集中方式

通常の電車は動力分散方式です。ちなみに、JR車両に書いてある「モハ」などの「モ」は、「モーターがついている車両」の意味です。

抵抗制御とＶＶＶＦ制御の違い

電車は、変電所から送られた電気が、架線を通じてモーターに送られることで動きます。この**電気を一気に流さずコントロールすることで滑らかに加速するのが制御装置**です。

モーターは従来、電機子（電流を流すと回転してトルクを発生する装置）に電流を流して電磁力を発生させることで回転する**直流電動機**が使用されてきました。直流電動機は、架線とモーターの回路に**抵抗器**を入れていくことで速度を制御する抵抗制御方式です。

一方、近年の主流の形は**三相交流誘導電動機**で、いわゆる**ＶＶＶＦインバータ**とセットで使われます。これは直流の電気が三相交流に変えられ、装置スイッチを高速でオン・オフすることで電圧が変化します。「パルス」と呼ばれるこの電圧の波を調整することで電圧と周波数を変え、波形の位相を１２０度ずつ一定にずらして組み合わせる均等三相交流をつくります。

中身は複雑ですが、電圧（Voltage）と周波数（Frequency）の変化で、モーターの回転数を可変的（Variable）にコントロールするので、「**可変電圧可変周波数**（ＶＶＶＦ：Variable Voltage Variable Frequency）」制御といわれています。近年は、メンテナンスコストや性能面で優れているＶＶＶＦ制御が主流です。

ＶＶＶＦ制御車は、運転士からすれば**空転の抑制機能**（**1－12**参照）など、技術面からも多くのメリットが感じられます。逆に古い抵抗制御車は、加速一つとってもいろいろな考えを巡らせながら運転しなければならず、**第4章**でも挙げるようなさまざまな工夫を行っていきます。「自動車のAT・MTの違い」とまではいいませんが、「運転の手ごたえがある」のは抵抗制御車であるように感じます。

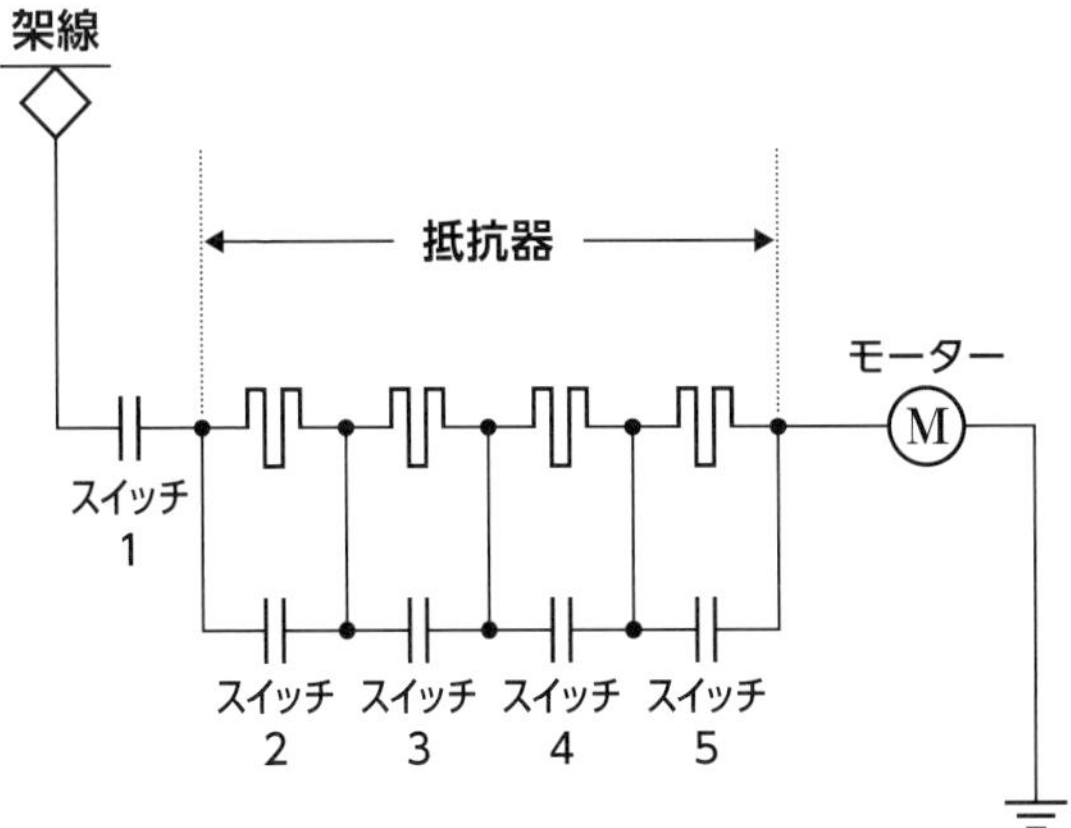

抵抗制御
速度が上昇すると、モーターは発電機として作用して逆の電圧（逆起電力）を発生させるので、抵抗を少し短絡して電流を増やします。図内の1～5のスイッチをくっつければ抵抗を短絡できます。電流が増えると回転力が増して速度が上昇し、逆起電力がさらに強くなるので、また抵抗を短絡します。抵抗を順番にぬいていくことで、電流を一定の幅に保ち、加速していくことを進段といいます。

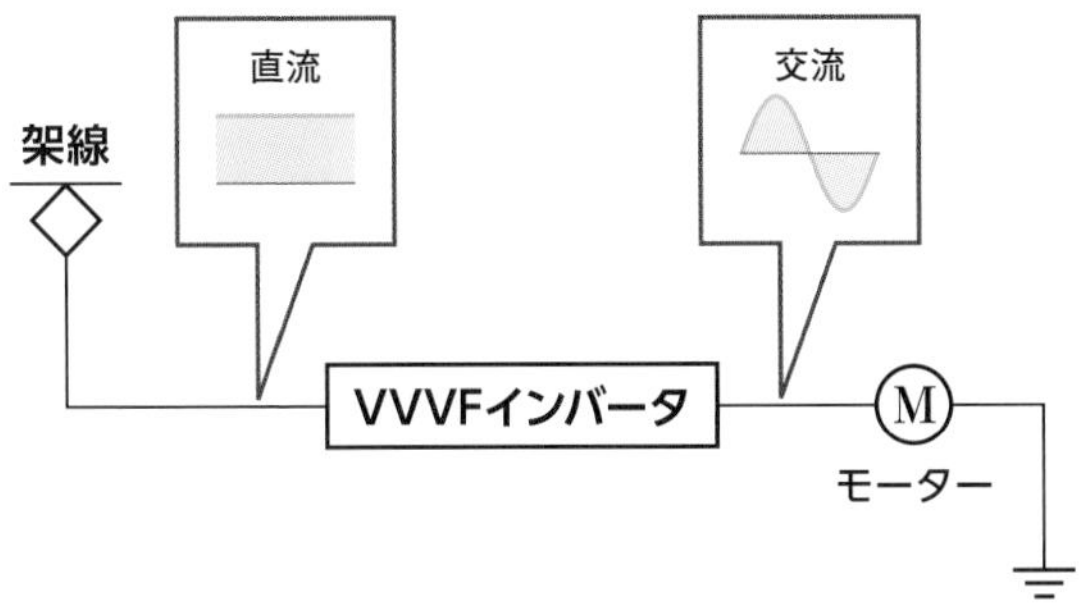

VVVF制御
交流電化区間では、交流→直流→交流と変換する必要があるため、インバータの他にコンバータも必要になります。

5 「最高速度」と一口に言っても、いろいろある

鉄道の**最高速度**は、国土交通省の認可を受けて決められています。新幹線を除く一般の鉄道での最高速度は、京成スカイライナーの160km/h運転で、その他、JRや大手私鉄で100〜130kmのレンジが一般的です。ところで、一口に「最高速度」といっても、いろいろな種類があります。

路線最高速度

各社ごと、また同じ事業者でも、路線によって、**決められた最高速度の上限**があります。後述の区間・種別ごとの速度も、この路線ごとの速度の下で定められています。

区間最高速度

路線の中でも、**駅区間ごとに最高速度**が決められています。例えば京成スカイライナーも、すべての区間で160kmの走行ができるわけではなく、その駅区間の区間最高速度までしか許容さ

れません。

種別最高速度

優等列車（特急など）ほど早く設定され、普通列車は、同じ区間でも低く設定されていることが多いです。普通列車は、次の駅まで高速で運転したとしても、すぐにブレーキをかけなければならないため、特急のような速度は求められません。

設計最高速度

前述の3つが「**営業最高速度**」といわれるのに対し、**設計最高速度**は、ブレーキや台車など、**車両性能によって決められた最高速度**です。速さを求められる特急車などは高速設計されています。速度の上限は、制限が強いほうに合わせます。区間最高速度が120km／hでも、車両の設計最高速度が110km／hであれば、110km／hで運転します。車両の設計最高速度が110km／hで、区間最高速度100km／hであれば、100km／hで運転する必要があります。

京成線の種別最高速度
京成線の種別の最高速度。当然ですが、通常は優等列車ほど高い最高速度が設定されています。

6 条件によって決められる「制限速度」

制限速度というのは、鉄道の定時運行を守るための大事な枠組みで、制限速度をもとにダイヤグラムも設計されています。線路の形状や設備の都合により、列車は制限速度以下で運行しなければなりません。制限は「**速度制限標識**」と呼ばれる標識の始端から有効となるので、そこまでにブレーキをかけて減速します。そんな、駅間走行中の運行に影響を与える、主な３つの制限速度を紹介します。

曲線制限速度

列車がカーブを通過する際、遠心力がかかったりすることで「乗り心地」が悪く感じてしまうことがあります。標識の制限速度の数字下には「Ｒ＝３００」などの文字が書いてあります。これは「曲線半径が３００ｍ」という意味で、曲線部分が、ちょうど大きな円の「弧（こ）」の部分になります。

曲線半径の他に、**カント**（**曲線区間での遠心力を防ぐため、内側より外側を高くして、軌道に**

傾斜をつける）にも合わせて制限を設けます。曲線区間が多いところでは、車体傾斜が導入されており、コロで車体を内側に傾ける「**振り子装置**」、ATS位置情報の検出により、曲線区間進入前に空気バネを制御することで車体を傾ける「**車体傾斜装置**」がある車両などがあります。これらを搭載した車両は、性能上、一般車よりも曲線区間を高速で走行できるので、制限速度も高く設定されていることがあります。

勾配制限速度

下り勾配にも制限速度が存在します。自動車や自転車に乗って下り坂を走ることを想像すればわかりやすいのですが、ブレーキをかけなければ下る力が働くことがわかります。それと同じく、列車も下り勾配では下る力が働くので、**非常ブレーキによる列車のブレーキ距離で止まれる速度**が設定されています。新幹線以外の鉄道では、非常ブレーキによる列車のブレーキ距離は、600m以下が標準です。つまり、「どんな電車で最高速を出していても、600m以内で止まれなければならない」ということです。勾配制限速度は、勾配も考慮して、このブレーキ距離内に止まれる制限速度に設定しないといけない、という意味です（**3-3**参照）。

分岐器用制限速度

列車の進路を振り分ける、いわゆる「**ポイント**」にかかる制限速度です。電車に乗っていて、駅到着直前や駅出発直後に、グラッと揺れを感じた経験がある方は多いでしょう。そこには**分岐器**（ぶんぎき）という、ポイントを切り替えるための装置類があり、それゆえ構造が複雑となっています。

そのため、**分岐器を通過する際には、決められた速度制限がかかり**、手前にはその制限速度標識が立てられています。また、分岐器の種類によって、制限速度に違いがあり、新幹線の線路に使われるようなものは、高速通過できるようになっています。

運転士は当然、自分が担当する区間の制限速度の標識がどこにあるかを知っています。もちろん、制限標識を見てからの減速では遅いので、それを予期してブレーキを操作します。電車は急には止まれないので、もし速度を誤れば速度オーバーとなります。保安用のＡＴＳは働くでしょうが、最悪の場合、脱線事故になります。

もちろん、制限速度をオーバーしての運転は許されませんが、列車遅延時は、「制限速度いっぱいでの運転」が特に求められます。正しく制限速度を理解していないと、新たな遅延を生んだり、速度オーバーの原因となったりしてしまうのです。

遠心力
遠心力と重力の合力
重力
カント

振り子式装置

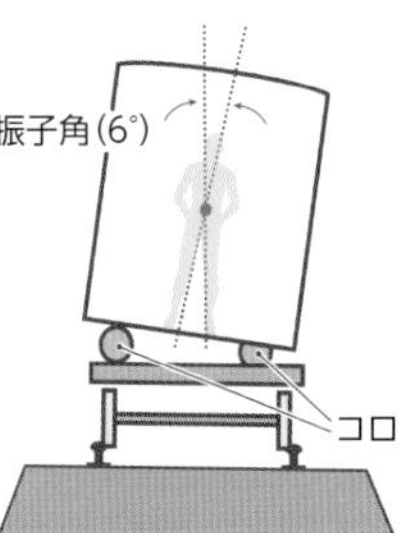

車体傾斜装置

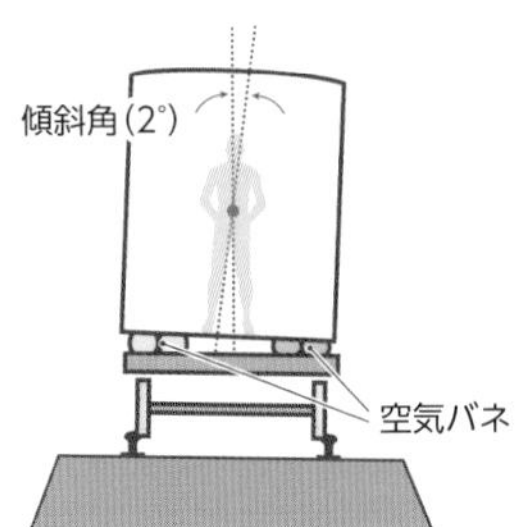

振り子装置と車体傾斜装置

振り子装置は曲線の高速化を実現しましたが、代わりに車体が傾くことで車酔いしてしまうデメリットがありました。

曲線制限速度

車種ごとに異なる制限速度になっており、写真の「283系を除く」は、振り子式車両である283系については、この制限速度によらず運転できるということです。

分岐器用制限速度

本当に耐えられる速度が記載されているわけではなく、乗り心地が悪くならないことを加味した速度設計になっています。

7 気笛を鳴らすテクニック

駅や踏切で、また先頭車に乗っているときに、「ファーン」という**気笛**（**警笛**）を聞いたことがあるかもしれません。ここでいう気笛は、空気で鳴らされる「**空笛**」だけではなく、電子化された「**電笛**」や、一部の車両に搭載されている、音楽を鳴らす「**ミュージックホーン**」も含みます。

気笛は、運転士が足元のペダルを片足で踏むことで音が鳴る仕組みです。一般的なものは、浅く踏めば電笛（ならびにミュージックホーン）が鳴り、さらに深く踏むことで空笛が吹鳴できます。ちなみに私が勤務していた

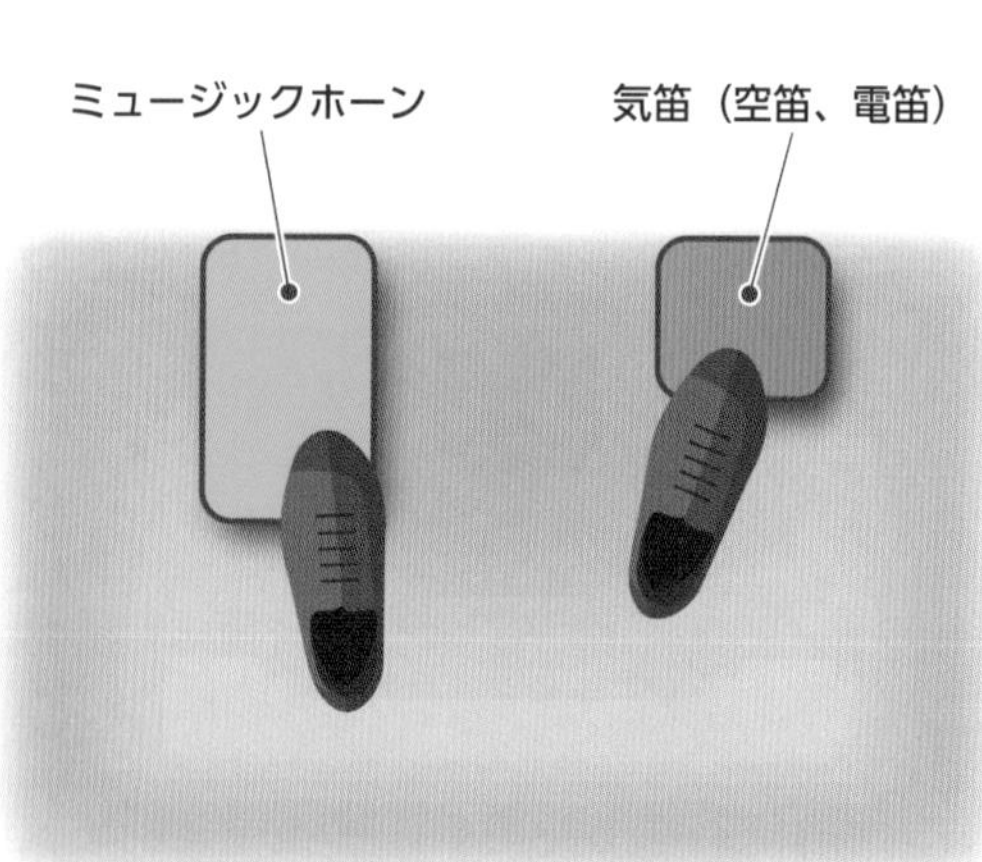

名古屋鉄道のミュージックホーンの位置
名鉄の車両ではこのように別々に設けられていますが、他の事業者では同じペダルを深く踏み込むことで鳴動するタイプもあります。

名古屋鉄道では、ミュージックホーン用のペダルが別に設置されており、両足での別操作が必要です。

ミュージックホーンは、**補助警笛**とも呼ばれ、すべての車両に備えつけられているわけではありません。法規で吹鳴の方法が定められているわけでもないので、運転士の判断で使うことができます。列車の接近を知らせることもありますが、ファンサービスのようなパフォーマンスの意味合いのほうが強くなっています。

一般の方からは、みだりに吹鳴しているように見えるかもしれませんが、「**気笛合図**」には合図の方式が決められています。合図の方式は「**短急気笛**」(約0.5秒)、「**適度気笛**」(約2秒)、「**長緩気笛**」(約4秒)と分かれており、シチュエーションによって変えます。

どんなときに、どのような気笛を鳴らすのか?

最も一般的なのは、「注意を促すとき」に吹鳴する**適度気笛1声**です。「1声」とは、「1回鳴らす」ということです。例えば、線路脇の作業員に対して鳴らすことは頻繁にあります。また、保線係員は「退避完了」の合図を、旗を上げて運転士に知らせますが、それに対しての吹鳴もします。

「接近を知らせるとき」は**長緩気笛1声**です。ホーム端で人がふらついて危険がある場合などに、長めに鳴らします。

さらに「危険を警告するとき」には、**短急気笛数声**です。「連打」するような感じです。まさに事故が起きそうなときだったりするので、本当に危険な場合にしか使いません。

そして本当に「非常事故が生じたとき」には、前述の**短急気笛数声に加えて、長緩気笛を追加で1声**加えます。

これら非常時の警笛は、対象への警告だけではなく、反対車線の列車や近くの係員にも知らせるという意味合いがあります。例えば、駅で事故が発生した場合、その警笛を聞いた係員は「事故が発生した」と認識し、すぐさま現場に駆けつけて緊急体制に移ることができます。

しかし、実際に危険な状況にいざ直面すると、なかなか規定通り上手く吹鳴できないものです。私が初めてそのような場面に遭遇したときは、驚きから、ただ押さえつけるようにペダルを踏みつけて「ファーーン」と鳴らすことしかできませんでした。

気笛はペダルを踏めば鳴るので、一見簡単そうに見えるかもしれませんが、実はとても難しいものです。前述した「危険を警告する」場合にも、対象に近づいてから、手前で鳴らしても効果は薄く、運転士が広い視野を持って、すばやく危険を察知して吹鳴することが重要です。そうすれば、列車の接近に気づかず誤って侵入している人も、退避行動を早めに取ることができるでしょう。

なお、運転士から見通しの悪いトンネルや橋梁付近、第3種・第4種踏切（**1-11**参照）のような遮断機や、警報音がでない危険な踏切の近くには、「**気笛吹鳴標識**」という標識が立てられています。

気笛吹鳴標識
岳南電車ではこのような標識を使っていますが、一般的な気笛吹鳴標識は、黄色地の四角板に黒色で「×」印を描いたものが多く使われています。

見張員
走行してくる列車に向けて合図を送っています。見張員は、作業員とは別に、ダイヤを見て列車通過を監視しています。

鉄道の気笛合図（一例）
気笛の合図は下の表のようなものですが、蒸気機関車の気笛合図や車内電鈴・ブザーを使っての合図など、鉄道には音を使って意思疎通を行う方法が多くあります。

合図の種類	表示方式
注意を促す必要があるとき	──（適度気笛 1声）
列車の接近を知らせるとき 気笛吹鳴標識を通過するとき	────（長緩気笛 1声）
危険を警告するとき	●●●●●（短急気笛 数声）
非常事態が生じたとき	●●●●●──── （短急気笛 数声＋長緩気笛 1声）

8 「惰行」こそが電車を省エネ運転させるキモ

力行とは、自動車でいえば「アクセルを踏む」ことで、電車の**加速**のことをいいました。駅発車後に、ある程度の速度まで力行すると、その後はマスコンノッチをオフにしますが、列車は何の操作もせずともしばらく動きます。この状態を「**惰行**（だこう）」といい、列車運行の長い時間を占めます。いったん、高速域まで上げれば、線形が平坦で直線であれば惰行でも何km も先まで進んでいくので、「転がる」と表現したりもします。この間は加速のように無駄な電力を使いませんので、電車がエコに長い距離を走れるポイントです。

列車抵抗

とはいえ、いつまでも惰行で同じ速度を保てるわけではありません。自動車や自転車に乗っていても、何もしなければ速度は落ちていきますね。列車も、前に進もうとするエネルギー（引張力）に対して、抵抗しようと働く自然の力があり、それによって速度は落ちていきます。その力を「**列車抵抗**」といいます。列車抵抗には、主に4つの種類があります。

①出発抵抗……列車が起動するときの抵抗
②走行抵抗……平坦・直線走行時の抵抗
③勾配抵抗……上り勾配を走行するときの抵抗
④曲線抵抗……曲線区間を走行するときの抵抗

惰行運転時には②～④の抵抗が働くことで、徐々に速度が落ちていきます。これらの主な要因は、「車輪とレールの摩擦」「線路状態」「風などの空気抵抗」の影響です。もちろん、列車の編成数や乗車人数、天候によっても大きく変わるので、毎回同じように運転すればよいわけではありません。

それでは、具体的に「どのようにして惰行運転をしていくか」を見ていきましょう。仮に区間最高速度が100km／hの駅を定時に発車し、ここから直線平坦で次の2000m先に75km／hの曲線制限があったとします。このとき、「むやみに100km／hで力行し続け、曲線直前でブレーキをかける」などということはしません。例えば、85km／hまで力行してノッチオフ（ワンハンドルならハンドルをニュートラルに戻すこと、ツーハンドルならマスコンハンドルを戻すこと）すれば、あとは惰行運転し、途中「高速道路の高架をくぐるときに78km／h」など、何カ所かでチェックポイントを設けて速度を照査します。

下り坂の惰行では**マイナスの勾配抵抗**が働くので、どんどん速度が上昇していきます。例えば、勾配制限が110km／hの場合は100km／hで進入し、**制限解除時にちょうど110km／hで**

抜けられるような惰行もあります。

前述の通り、列車抵抗は条件によって異なります。特に大きく影響するのが**編成両数**、つまり**列車重量**です。例えば、8両編成と4両編成では100トン以上も重さが違うので、惰行の効きも大きく変わります。長い編成ほど車両全体を使って列車を推し進めるエネルギーが大きく、その分、転がりが長持ちします。

他にもいくつもの条件の組み合わせを考慮して、「何km/hでノッチオフして惰行すれば、ちょうどよいか」を考えながら運転しているのです。

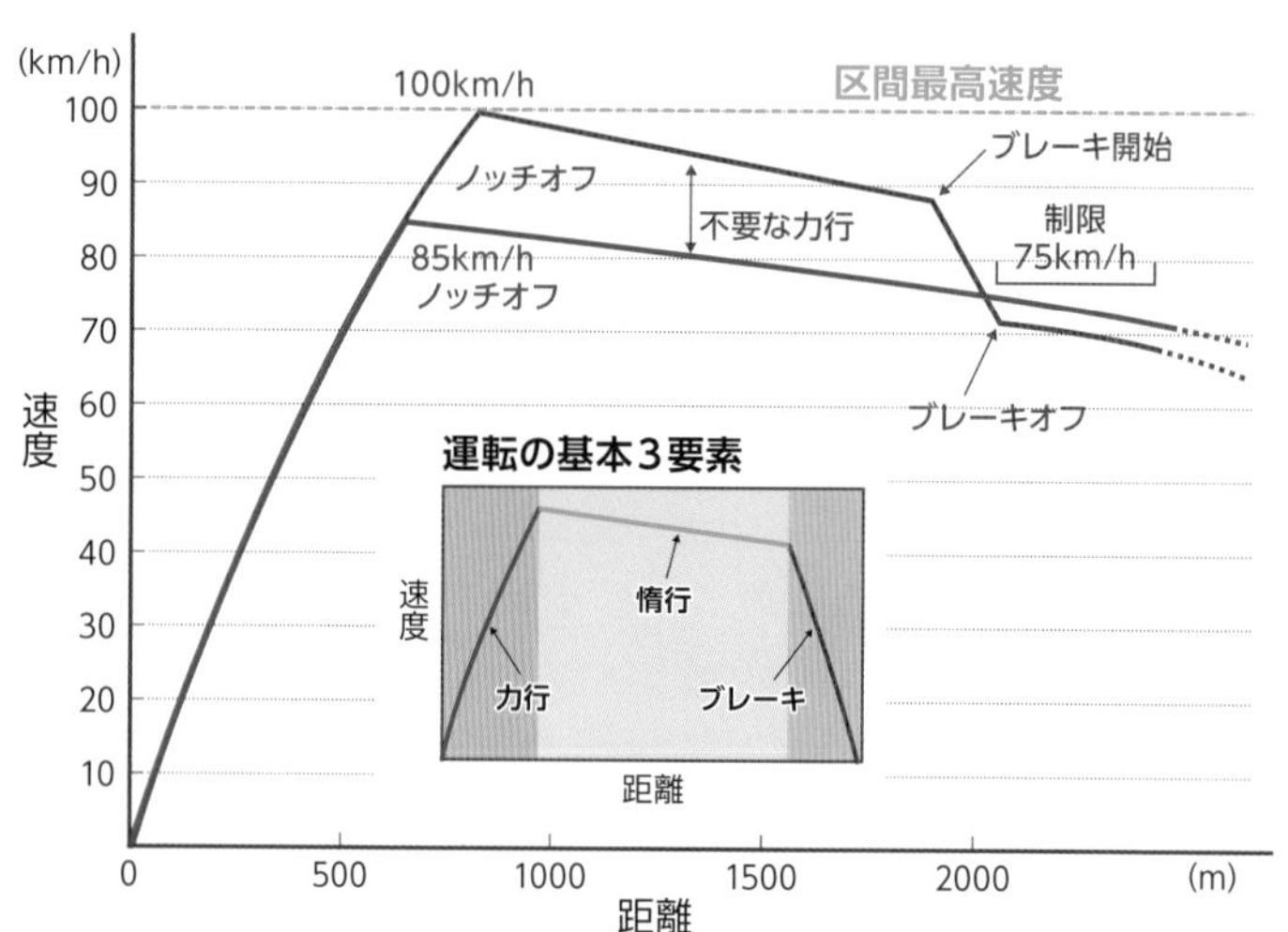

なぜ惰行するのか？

例）発車後、2000m先で75km/h制限の区間になります。赤線のように100km/hまで出してノッチオフした場合、制限速度に落とすためブレーキをかけなければなりませんが、青線のように85km/hまで出してノッチオフすれば、ブレーキをかけずにそのまま、75km/h制限の区間に入れるので無駄がありません。

9 いろいろな種類がある「地上信号機」の意味

「**信号保安装置**」は、列車を安全に運行するための装置です。この中には、転てつ装置や踏切保安装置も含まれますが、最も身近で関わりが深いのが「**信号装置**」です。広義の信号は、『鉄道に関する技術上の基準を定める省令』（国土交通省令）で、「信号」「合図」「標識」に細分化されていますが、ここで解説するのは、狭義の信号の意味合いです。

信号は、列車に対して、一定区間を走るときの条件を**現示**します。「現示」という言葉は聞き慣れませんが、「現在の状況を、色や音で示す」ことをいう鉄道用語です。大きく分けて**地上信号機**と**車内信号**がありますが、ここでは地上信号機の話をします。

信号の現示方式

●主信号機

信号機の効力が及んでいる区間を「**内方**（ないほう）」、その外側を「**外方**（がいほう）」と呼びます。「**場内信号機**」は駅の入口に設けてあり、列車が進入してよいか、また開通する進路を現示します。「**出発信号機**」は駅の出発点にあり、前方へ出発してよいかを示すものです。これらの信号機は、基本的に絶対に越えてはならない「**絶対信号機**」と呼ばれています。

「**閉そく信号機**」は、自動閉そく（列車の車輪で軌道回路を短絡（たんらく）させて、自動で信号機を制御する）区間の入口に設けてあり、閉そく区間内に進入してよいか、を現示します。これは、万一の故障時など一定の条件の下に、信号機を越えて運転することがあるので、「**許容信号機**」に分類されます。

ここで、閉そくについても説明しましょう。駅と駅の間にはいくつかの信号機があります。その信号機を境界区間として、その1区間内には1列車しか入れない仕組みです。例えば、列車が入っている閉そく区間の直後の信号は赤、次の信号は黄色、その次

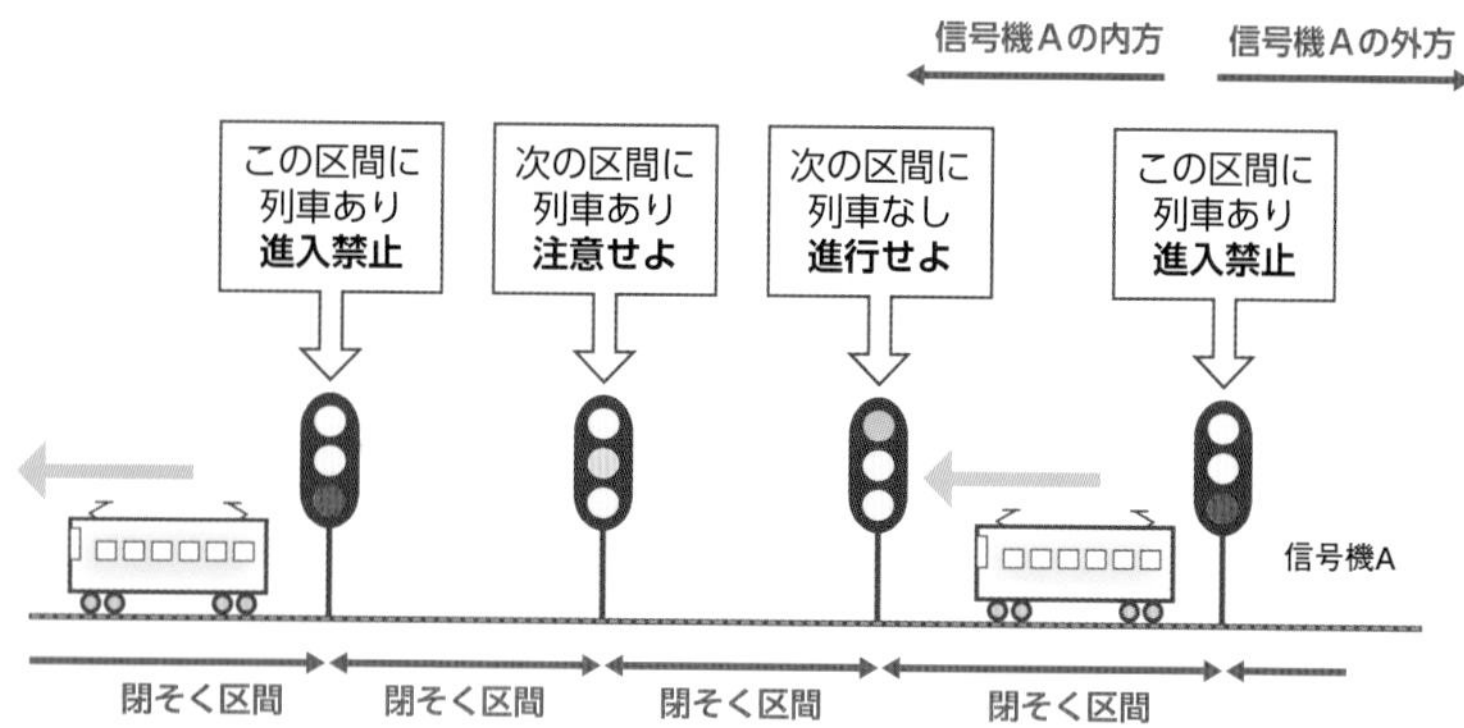

閉そくの概念

「軌道回路」という装置で、列車の車輪により2本のレール間を短絡させ、閉そく内に電車が在線しているかどうかを判別しています。

は青、という順になっていたりします。なお、これは一般的なパターンで、その他にもいろいろな信号パターンがあります。

閉そくについては**R（Red：赤）現示**は、その先に列車がいるから「停止せよ」ということです。R現示がされている1つ手前の閉そく信号機はY（Yellow：黄）が現示されています。次の信号がRなので「注意せよ」という意味で、制限速度があります。その手前の信号機はG（Green：緑）になり、この意味合いは、次の閉そくには電車がいないので「進行せよ」、つまり、特に制限なしで走行してもよいという意味です。これらのGYRを使う方式を**3位式**といいます。またYR（黄赤）またはGR（緑赤）のみの信号も存在し、これを**2位式**といいます。

これが基本形ですが、RYの間に**YY（黄黄）**、YGの間に**YG（黄緑）**が入って、細かく制限を分けている区間もあります。閉そくは1km以上あることも多く、その場合、長い区間に制限をかけてしまいます。**YYやYGがあれば、列車密度の高い区間でも小刻みに前に進めます**。また、YYは出発信号機の**信号冒進**（しんごうぼうしん）（R信号を越えてしまうこと）を防ぐため、その手前で低速に抑えるためにも現示されます。

色灯式（灯の色で信号を現示する信号機）では赤（R）、黄（Y）、緑（G）を単独、または併用して現示を行います。閉そく区間の運転条件により、点灯順は異なります。減速（YG）と注意（Y）は、事業者により速度が異なります。また、京急などではYGを点滅させる「抑速現

主信号機

出発信号機・場内信号機・閉そく信号機(色灯式)

種類	停止(R)	警戒(YY)	注意(Y)	減速(YG)	進行(G)
速度	0km/h	25km/h以下	40~65km/h以下	50~85km/h以下	制限なし*
2現示					
3現示					
4現示					
5現示					

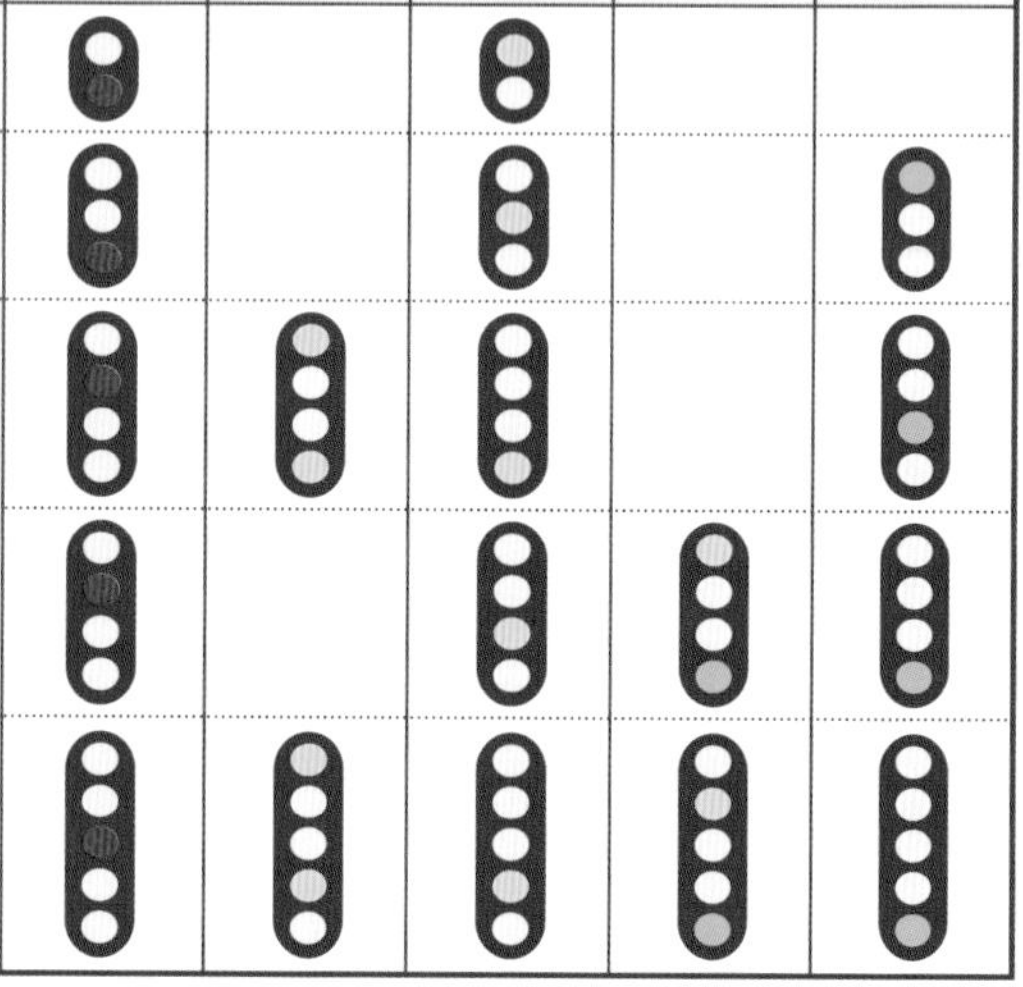

＊制限速度は事業者により多少異なる
＊抑速信号(YGフラッシュ)は105km/h以下。抑速は現示が点滅する
＊高速信号現示線区では高速信号(GG)は区間最高速度まで、進行信号(G)は130km/h以下

入換信号機

種類	停止信号	進行信号
灯列式		

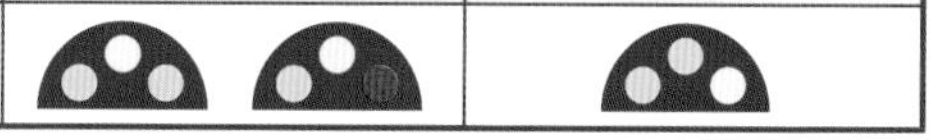

従属信号機

中継信号機(灯列式)

主信号機の現示	停止	警戒・注意・減速	進行
種類	停止中継信号	制限中継信号	進行中継信号
現示			

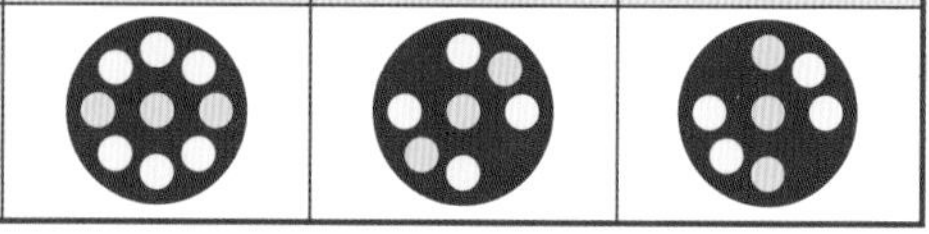

主な信号機

従来は電球を光源としていましたが、近年は道路用の信号と同じくLEDが普及しています。万一、信号不点の際は「停止」の意味合いとなります。

示:105km/h」、京成成田スカイアクセス線ではGG現示「高速進行」(この場合、Gは130km/h制限)もあります。

「**誘導信号機**」は、場内信号機または**入換信号機**の下に設置されており、Rで一旦停止したあとに、内方へ誘導するための信号機です。入換信号機は、駅構内や車両基地で入換(連結や転線を行う)するためのものです。

従属信号機

主信号機の補助的な役割をする信号機で、主信号が見にくい場合に設置されます。**遠方信号機**は、主として場内信号機に従属するもので、「場内信号機がR現示なら、遠方信号機はYを現示」します。**中継信号機**は、主信号機と同じ意味合いを現示しますが、色灯式ではなく**灯列式**(点灯する白色灯の配列パターンで信号を現示する信号機)で現示します。どちらも予知することができるため、スムーズな運転が可能です。

手信号

場内・出発信号機が故障などで使用できないときに使うのが「**代用手信号**」で、信号機が設けられていない箇所で現示する場合は「**臨時手信号**」といいます。これらは、**赤緑の旗または灯**で現示を行います。

フェールセーフの原則

フェールセーフは安全運転に必要な考え方で、鉄道にとっての原理的な考え方でもあります。たとえ、**信号などの保安装置が故障しても、危険な事態にならないような仕組み**になっています。

例えば、YY現示の片方が球切れとなり消灯してしまった場合、Y現示に見えてしまい、注意の速度で進入してしまう危険性があります。それを防ぐため、1つが球切れになったときには、2つとも消灯する回路になっています。信号不点時は停止信号として取り扱います。

このフェールセーフの原則に従い、普段の運転中はもちろん、いかなる場合も「疑わしきは停止する」のが安全側の考え方となっています。

10 単線ならではのアナログな閉そく方式

都市部で見る鉄道の多くは**複線**の区間です。場合によっては**複々線**の区間もあります。一方、**単線**区間は、主に閑散地域の、列車頻度が高くないところに多くあります。

1－9で述べたのは、複線区間での自動閉そく方式、つまり列車の車輪で軌道回路を短絡させて、自動で信号機を制御するものですが（**図**参照）、単線区間では保守管理の観点から、**人の手によって扱われる閉そく方式も**存在しています。

スタフ閉そく式

1つの閉そく区間で、**通票**（**スタフ**）と呼ばれる通行手形をもって運転します。スタフを持たない列車は閉そく区間に入ることはできません。その列車が折り返し戻り、スタフを後続に渡せば運転できる、というシンプルなルールです。これにより正面衝突の心配はありません。しかし、連続して発車できないので、列車本数に限りがあります。

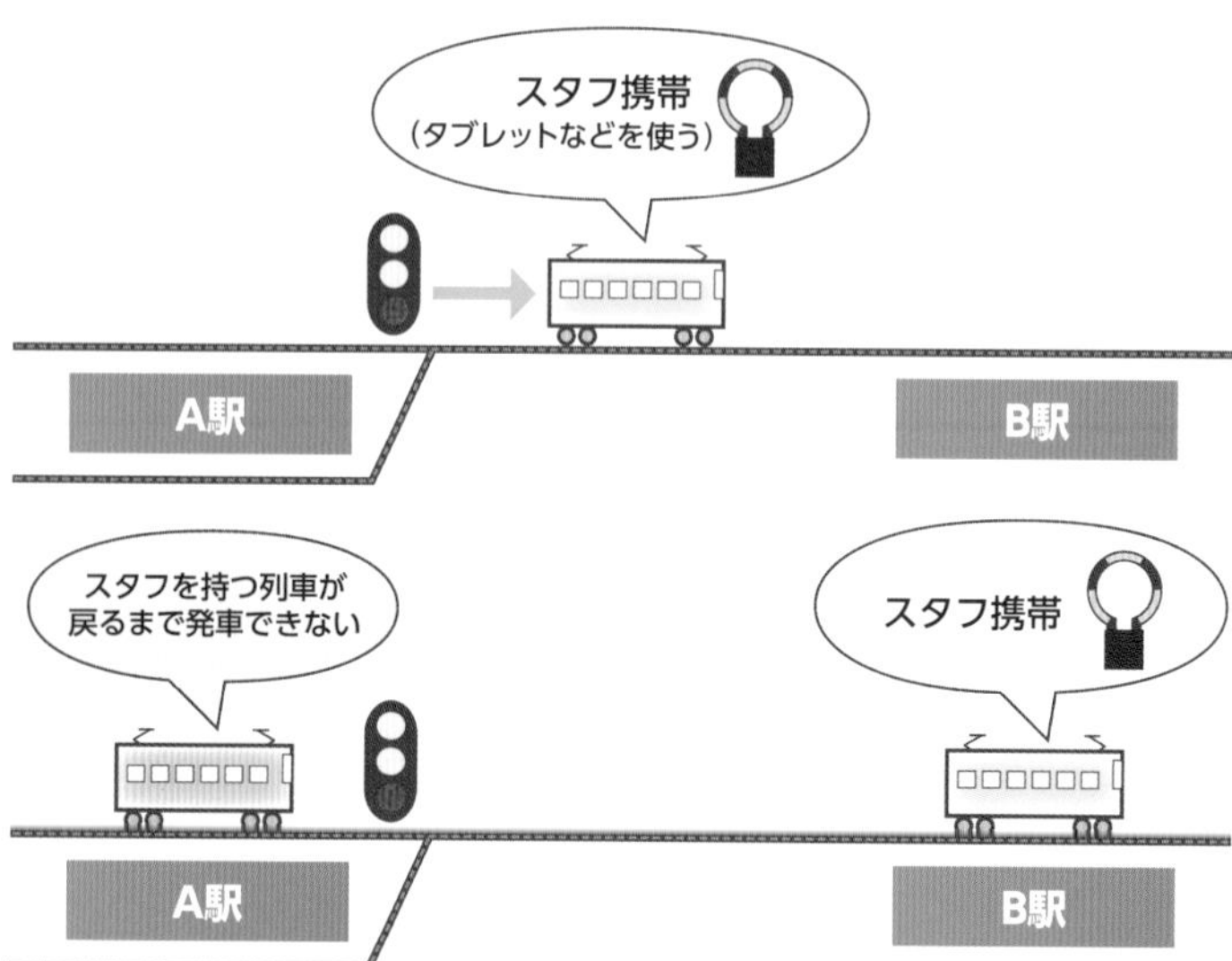

スタフ閉そく式

「スタフがなければ運転できない」というシンプルなルールゆえに、かえって制約が出てしまいますが、運行本数が少ない閑散地域ではコスト面からも有効といえます。

タブレット

タブレットには通票（スタフ）を入れるカバンがついています。

スタフ閉そくでタブレットを受け渡す様子

駅員から運転士へ、スタフとして使うタブレットを受け渡している様子。銚子電鉄の笠上黒生〜外川間は、全国でも珍しいスタフ閉そく式を採用した区間です。

写真：銚子電鉄

票券閉そく式

1つの通票（スタフ）に加えて、**通券**という運転許可証を使い、**続行運転**（連続して運行すること）させます。続行運転する場合、まず、通票が鍵の役割を果たし、それを使って駅長が、通券の入った専用のボックス（通券箱）から通券を出して発行します。出発駅と到着駅に設置した専用の電話で駅同士が打ち合わせし、通券を持った運転士が閉そく区間に入ります。到着後、通券は無効になります。その後の列車は、通票を持って運転、到着駅にて反対列車に渡せば、また運転できます。

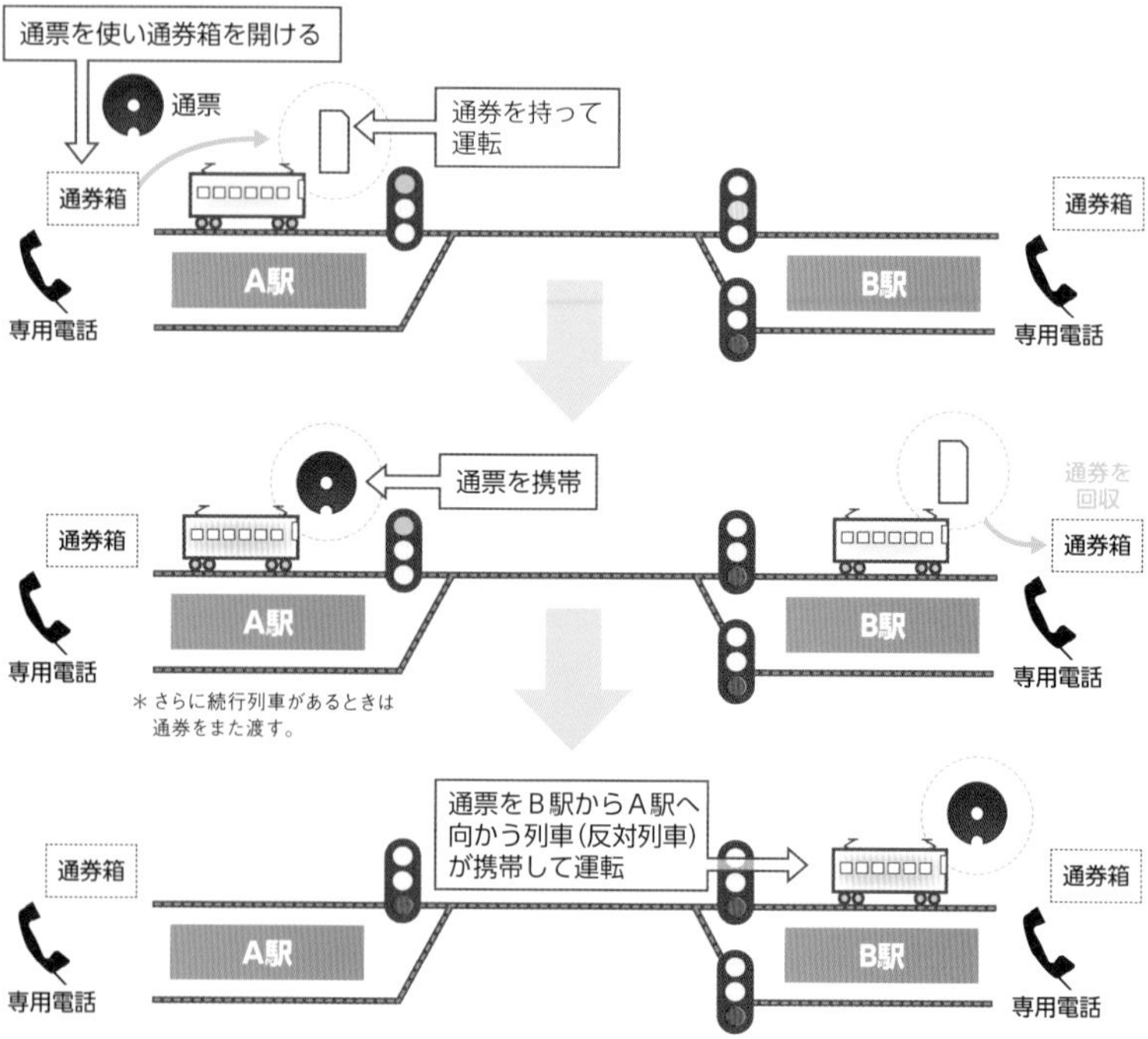

通票を使い通券箱を開ける
通票
通券を持って
運転
通券箱
A駅
B駅
専用電話
通票を携帯
通券を
回収
＊さらに続行列車があるときは
通券をまた渡す。
通票をB駅からA駅へ
向かう列車(反対列車)
が携帯して運転

票券閉そく式

スタフ閉そく式と違い、連続して運行することができますが、もし先行列車が途中で止まっているのに、何かの手違いで後続が発車してしまった場合には追突してしまう、という落とし穴があります。

A駅
B駅
1列車
通券
3列車
通票
2列車
通券
4列車
通票
5列車
通票
6列車
通票

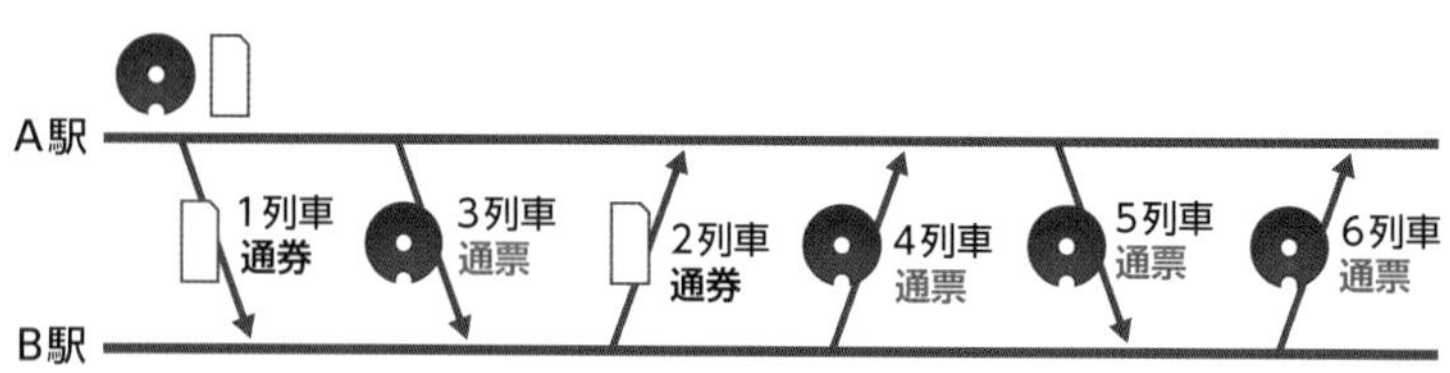

通票と通券を使って続行列車を出す運行イメージ

連続して同方向に列車を出したい場合は、先に通券、最後に通票を持って運行します。

11 危険がいっぱいの踏切で安全を守る装置

国土交通省の発表によれば、2015年時点で、国内に3万カ所以上の**踏切**が存在しています。「開かずの踏切」問題の解消や地下化、高速運転による高架化などが進みましたが、いまだに多数の踏切があります。

踏切は**第1～4種**まであります。最も一般的な第1種には遮断桿（しゃだんかん）・警報機が備えつけられていますが、第3種は遮断桿がなく、第4種にいたっては、遮断桿はおろか警報機さえありません。なお、第2種は「手動扱い」の踏切で、現在はありません。

このようにさまざまな踏切がありますが、**人や自動車が往来する道路が線路と交差する場所**なので、何かとトラブルがつきものです。

踏切設備が正常動作していることを示すのが「**踏切動作反応灯**」です。「×」形に違いがあったり、形や白色灯が1つだったりと、形は事業者によってさまざまですが、**運転士はこの踏切動作反応灯が点灯・点滅（正常動作）していることを確認して進行**するのです。

ただし、ときに踏切に異常がある場合があります。その際に、赤く点灯・点滅するのが「**特殊信**

第１種踏切

街中で見かける最も一般的な踏切。通行する自動車の無理な横断による遮断桿折損や、歩行者の直前横断など、さまざまなトラブルが発生する要注意ポイントです。

第４種踏切

郊外を中心に今もなお残る第4種踏切。遮断桿や警報機がなく、事故が発生しやすいので、地元住民などから廃止や保安装置の取りつけを求められていることも多くあります。

号発光機（特発・発光信号）」です。こちらも形式はさまざまですが、通常の踏切動作反応灯の位置に赤色がついていれば、停止信号が現示され、列車は停止する必要があります。近年はＬＥＤ化が進んでおり、遠方からでもこうこうと光るので、いち早く確認・停止措置ができるようになりました。

では、なぜ「踏切内に異常がある」ことがわかるのでしょうか？

例えば、自動車や自転車などが無謀進入し、遮断桿が降下しても踏切内に取り残されているとします。俗に「トリコ」といい、たまに発生します。このとき、特発が現示されるのですが、これは踏切内に異物を検知するセンサーやレーダーがあるからです。これを「**踏切障害物検知装置（障検）**」といいます。この障検に引っかかると、連動して特発がつくという流れです。また、踏切脇に設置されている**非常ボタン**を公衆（通行人）が押しても動作します。

さらに、特発が現示後、運転士が非常ブレーキをかける前に自動で、非常ブレーキがかかることがあります。これは、**当該踏切の障検がＡＴＳまたはＡＴＣと連動**しているからです。例えばＡＴＳなら、踏切手前の信号に停止信号を現示させることで、列車がＡＴＳ動作で停止できるようにするものです。

運転士の取り扱いの一例を紹介します。非常ボタンが押された特発を見たら、すぐに非常ブレーキをかけ、停車後に無線で指令に連絡します。各踏切には名称や番号がついているので、それを伝えて踏切手前まで徐行し、踏切の状態を確認します。異常がなければ、指令より復帰指示が

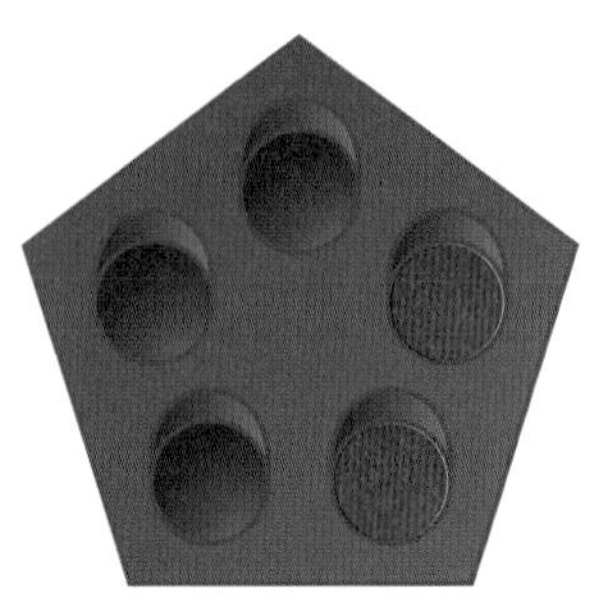

特発
「特発」や「発光信号」などの名で呼ばれます。現示中は赤色のライトが円を描くように回ります。この信号の現示を見つけたら「ただちに非常ブレーキ」が基本になっています。

踏切動作反応灯
写真は東武鉄道のもの。運転士は各踏切の名称や番号、場所などを覚えて運転しています。異常があれば指令に報告する必要があります。

踏切障害物検知装置
このような光線装置が踏切脇に設置されています。筒状タイプのものもあり、冬場は雪が入ることで誤動作することがあります。

あり、運転再開です。

２０１９年９月に発生した京急の踏切脱線事故では、踏切に障検連動のＡＴＳがなかったことが争点の一つとなりました。障検によっては非常に感度がよいので、例えば、雪が詰まったり、ゴミが入ったりしたときに誤動作することがあります。また、駅近くの踏切であれば、しょっちゅう直前横断があるなど、頻繁に障検が発動してしまい、運転士が「またか……」と思うことで、非常ブレーキが遅れることがあります。これはたいへん危険なことです。基本的には「**特発は、発見次第、即ブレーキ**」が、安全な運転です。

非常ボタン

この非常ボタンを押下することで、停止信号を現示することができます。列車接近時、踏切内に進入者を発見した場合は、救出にいくのではなく、このボタンで知らせるのが安全です。

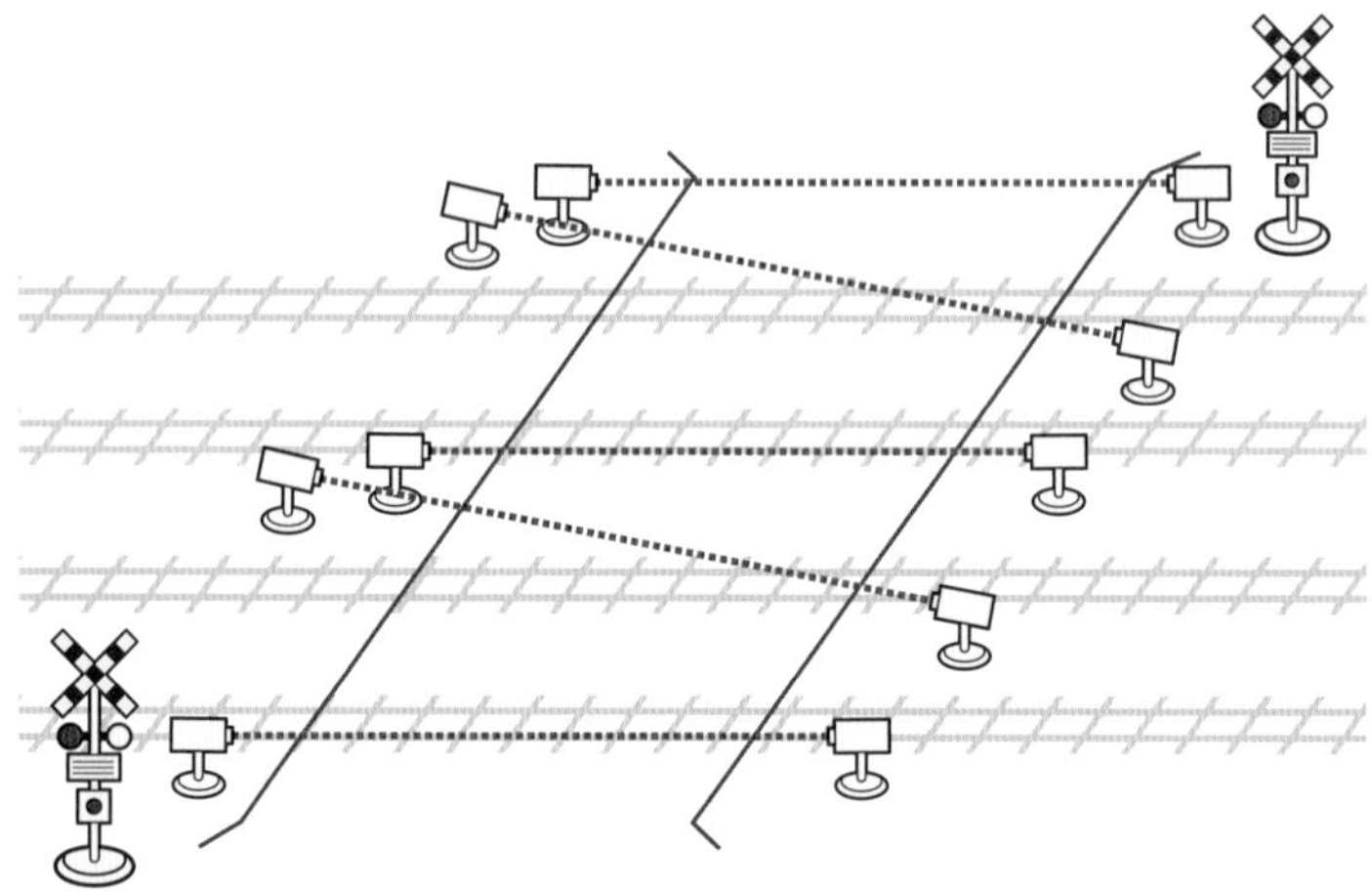

踏切障害物検知装置 ①　光センサー式

2個1組で発光器と受光器で結んでいます。光線が遮断されると異常があったとみなし、特発が連動して停止信号が現示されるという仕組みです。

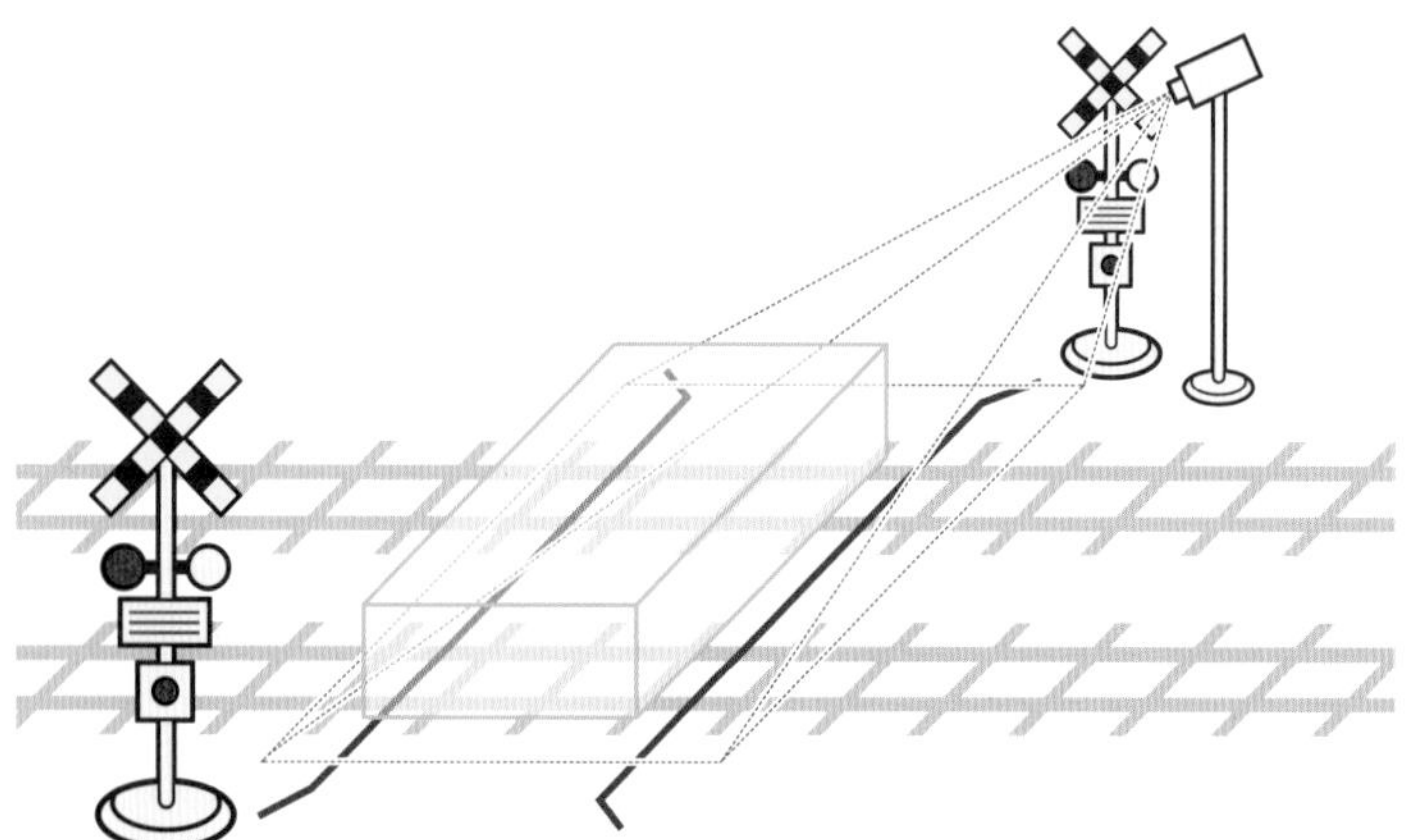

踏切障害物検知装置 ②　三次元レーザーレーダー式

①のタイプは低い位置や谷間に抜け穴がありましたが、このタイプでは全面検知かつ低い位置も捉えられるので、より安全性が高いといえます。

12 車輪が空回りする「空転」、列車が滑ってしまう「滑走」

自動車の運転では、「雨の日は滑るので、早めにブレーキをかけましょう」と、よくいわれます。鉄道でも同じことがいえるのですが、自動車以上に心がけていなければなりません。

車輪とレールは接地しており、この面を「**粘着**」といいます。この粘着という言葉は、ベタついているというような意味ではなく、一般にいう「摩擦」と同じ意味です。車輪の接地面積は自動車のタイヤと比べて極めて狭いので、その分、粘着力が小さくなります。アクセルを踏み続ければ、自動車の速度はすぐに落ちますが、電車は接地面積が小さいおかげで、「一度動かせば長距離を走ることができる」のです。一方、「空転」や「滑走」を発生しやすいのが弱点です。

「**空転**」は字のごとく、**車輪が空回りしている状態**です。列車は通常、加速時の車輪からの力（**動輪引張力**）により、車輪がレールを踏み込むようにして走りますが、その動輪引張力が粘着引張力を上回ると、空転してしまいます。「ウィーン」という空回りする音が、まさに聞こえてきます。

また、車両の**MT比**（1-4参照）によっても空転条件は違ってきます。つまり、自ら加速するモーター車の数が多ければ、その分、空転する確率を減らせます。

「**滑走**」も字のままに、**列車が滑ってしまうこと**です。空転とは反対で、減速時に**ブレーキ力**が粘着力を上回ってしまい、「踏ん張り」とうまく噛み合わないと滑走することになります。車輪が「ロック」する現象で、電車が思い通りに動かず、いつもよりブレーキ距離が伸びてしまうので、運転士が恐れる現象の一つでもあります。

そもそも、「なぜ、空転・滑走のような現象が発生するのか」といえば、外部要因によってレールの状態が悪化し、粘着力が弱くなるからです。最も日常的に多いのは雨天時、特に「降りはじめ」です。雨で滑りやすい状態は、自動車の場合でも想像できるでしょうが、レールが濡れはじめると、汚れが浮いてきて滑りやすくなります。積雪時はさらに滑りやすくなります。

「**雨降り3本、雪5本**」という言い回しがあります。普段、ブレーキをかけている箇所よりも、**鉄柱**（**電化柱**）**で3～5本分早く、開始するほうがよい**という意味です。また、意外なところでは**錆**（さび）や**落ち葉**なども、この空転・滑走の原因をつくります。空転すると車両が揺れるため、乗客の乗り心地にも大きく影響します。さらに、空転すると加速が遅くなるので、列車の遅延が発生しやすくなります。また、ブレーキがうまく効かなければ、オーバーランの原因にもなります。

これらを防ぐため、**砂やセラミックなどを車両からレールに噴射する装置**もあり、それにより粘着力を高め、空転・滑走を防ぐこともあります。空回りするとモーターの回転速度も大きくなるので近年では、すばやく空転を検知して加速力を調整する装置が、ＪＲ西日本の３２３系に搭載されたりと、テクノロジー面からのカバーもあります。

運転経験を積んでいくことで、空転・滑走の発生しやすい場所を見極められるようになり、それに合わせたブレーキ操作が可能になります。何も考えなければ、遅延が増えたり、危なっかしいブレーキになったりするので、運転士の技術力が大きく出る場面でもあります。

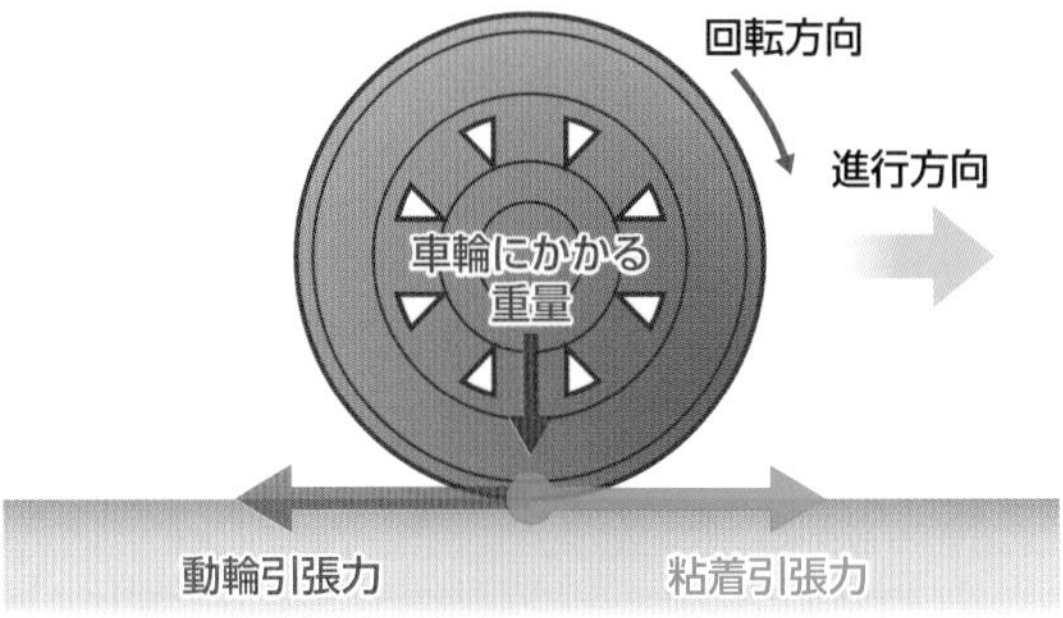

回転方向
進行方向
車輪にかかる重量
動輪引張力
粘着引張力

粘着引張力 ≧ 動輪引張力 ⟶ 電車は走行

粘着引張力 < 動輪引張力 ⟶ 空転!

空転が発生するメカニズム
普段歩いていると、滑りやすい床などで踏ん張りが利きにくいことを想像すればわかりやすいでしょう。簡単にいえば電車の空転時にもそれが発生しているのです。

レール踏面の状態によって定まる定数(K)
おもしろいところでは、毛虫やムカデなど油分の多い虫がレール上でつぶれていても、粘着係数が下がってしまいます。

レール面の状態	K
乾燥している清浄な場合	0.25~0.30
湿っている場合	0.18~0.20
霜が降りている場合 みぞれが降っている場合	0.15~0.18
雪が降っている場合	0.15
油気を帯びている場合	0.10
落葉がある場合	0.05

13 電車のブレーキはさまざまで、ハンドルの仕組みもいろいろ

電車は1両30トン以上にもなる大きな金属の塊です。それがレールの上を高速で走っているのですが、どのようにして止まるのでしょうか？　一般的には、通常の減速や駅停車に使用する「**常用ブレーキ**」、緊急に停止するために使う「**非常ブレーキ**」、万一の故障時に用いる補助的な立場の「**保安ブレーキ**」の3系統があります。保安ブレーキは、基本的にバックアップの役割なので、普段使用することはなく、もしものときのために、他の2つのブレーキとはまったく別系統で作用します。

ここまでのブレーキの区分けは、列車の運転における運用区分です。それでは、車両の装置としてのブレーキの種類はどうでしょうか？　車輪とレールの粘着力の関係を利用した「**粘着ブレーキ**」と、レールを直接押さえるなどして止める「**非粘着ブレーキ**」に分けられますが、ここでは粘着ブレーキについて述べます。粘着ブレーキには、「**空気ブレーキ方式**」と「**電気ブレーキ方式**」の2つがあり、細分化すると**図**のようになります。その中でも、より一般的なものについて説明します。

① 空気ブレーキ方式

空気ブレーキは、圧縮空気をブレーキシリンダーに送り、制輪子（ブレーキシュー）で車輪の踏面（レールの接地面）を直接押さえつける「**踏面ブレーキ**」と、車軸についたブレーキディスクという円盤を両側から挟んで摩擦力を得る「**ディスクブレーキ**」があります。

踏面ブレーキは直接車輪を押さえるので踏面がきれいになり、軌道回路が通電しやすいなどのメリットがありますが、シューが摩耗しやすいなどのデメリットもあります。シューの素材は現在、**レジンシュー**（**合成樹脂**）が主流ですが、ブレーキの摩擦熱で溶けた独特の匂いがあります。古い車両には金属製の**鉄シュー**もありますが、ブレーキ時には金属がすり合わさる音が発生し、火花が散ったりします。また、鉄粉がひどく、茶色に汚れてしまいます。

ディスクブレーキは、本来モーターがある車輪にはスペー

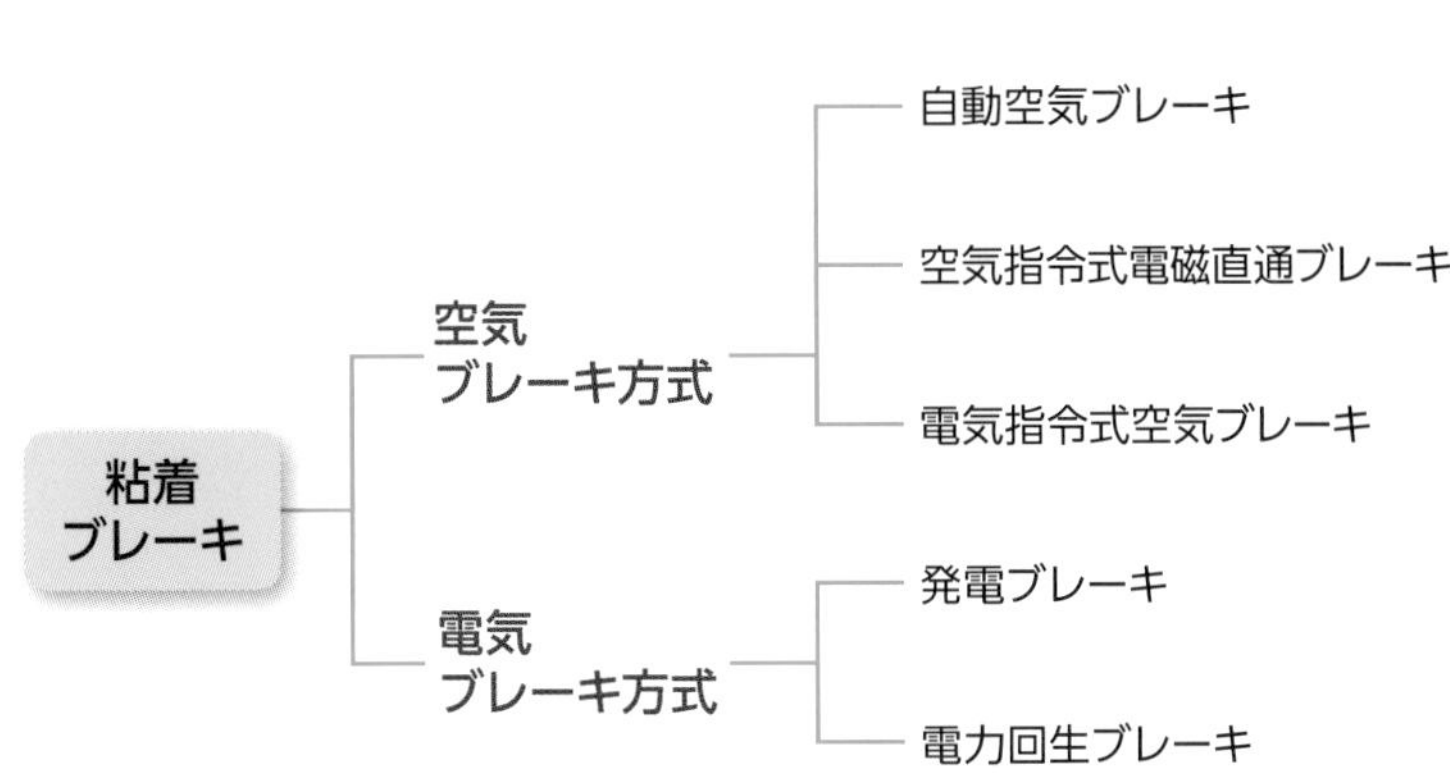

代表的な電車用ブレーキ方式（粘着ブレーキ）

スの関係上、取りつけづらかったり、摩耗しない（踏面が当たらないので）代わりに、汚れによる過走の不安もあります。そのため、ディスクブレーキ車は**踏面清掃装置**をつけているか、あるいは**踏面ブレーキをあわせ持つ**のが一般的です。

運転席の操作で、全編成にブレーキがかかるのが一般的ですが、この仕組みを「**貫通ブレーキ**」といい、万が一連結車両が分離した場合は、非常ブレーキが作動する仕組みです。

また、これらを操作する空気ブレーキの方式にもさまざまな種類があります。仕組みはそれぞれ異なりますが、代表的な３つを例に、その仕組みを解説します。

(i) 自動空気ブレーキ

各編成に引き通した**ブレーキ管**（**BP**）に４９０キロパスカル（kPa）の圧縮空気が込められており、それを抜くことでブレーキをかける仕組みです。運転士がブレーキハンドルを操作して減圧すると、ブレーキ管の圧力がゆるむことで、供給空気タンクの圧縮空気が**ブレーキシリンダー**（**BC**）へ込められ、ブレーキがかかります。常用として採用されることはなくなってきましたが、ブレーキ管や引き通し線が切断されると非常ブレーキが動作するという方式は、今も用いられています。

(ii) 空気指令式電磁直通ブレーキ

このブレーキ方式では、直通管（SAP）、元空気溜管（MRP）、非常ブレーキのためのブレーキ管（BP）の3本の空気管があります。各車両に引き通した直通管と、車両ごとにある供給空気タンクの間には、ブレーキシリンダー（BC）とつながる制御弁があります。ブレーキをかけると、各車両に指令が送られ、直通管（SAP）が加圧されることで制御弁が作動し、供給空気タンクの圧縮空気がブレーキシリンダー（BC）に込められて、ブレーキがかかります。

ⅲ 電気指令式空気ブレーキ

車両ごとにある供給空気タンクと、ブレーキシリンダーがつながる制御弁はあるのですが、直通管ではなく、**電気指令線**によってブレーキ指令を行います。そのため、直通管を引き通す必要がなくなりました。空気指令式がブレーキハンドルに配管していたのに対して、電気指令式はその必要がなく、また空気指令と比べてタイムラグも少なくなっています。ⅱの電磁直

デジタル指令によるブレーキのコードの組み合わせ

この組み合わせによって信号を送り、所定のブレーキを指示します。
非常ブレーキの信号線が切断すれば、非常が動作します。

ブレーキ	常用ブレーキ指令線			非常ブレーキ指令線
	③	②	①	
ゆるめ位置				●
常用ブレーキ 1	●			●
常用ブレーキ 2		●		●
常用ブレーキ 3	●	●		●
常用ブレーキ 4			●	●
常用ブレーキ 5	●		●	●
常用ブレーキ 6		●	●	●
常用ブレーキ 7	●	●	●	●
非常ブレーキ				

通ブレーキは、ツーハンドルの車両でなければ使えませんが、電気指令式空気ブレーキであれば、ワンハンドルの車両を実現できます。

電気指令式には2つあり、指令線への電流・電圧を連続制御する**アナログ指令**と、指令線を組み合わせて一般的に7段階のパターンを組んで、圧力指示を出す**デジタル指令**があります（**図**）。

②電気ブレーキ方式

モーターは、発電機になることでモーターの回転方向と「逆向き」の回転力が発生しますが、この力を使うのが**電気ブレーキ**です。その中でも、ポピュラーな2つを見ていきます。

(i) 発電ブレーキ

ブレーキ時は、モーターが回転することで発電機となり電力が発生するので、電車線（架線からの電気線）と切り離し、これを抵抗器で熱エネルギー（ジュール熱）として消費させるやり方です。

(ii) 電力回生ブレーキ

一方、電力回生ブレーキは、ブレーキ時の発電機からの電力を消費しません。電車線と切り離さないで経由して、**架線へ戻す**ことで、同じき電（必要な電力を供給すること）区間にいる電車に消費してもらう、もしくは変電所へ戻す方法です。これにより全体の消費電力を節約できたり、シューの摩耗がなくなったりします。これは、「電車が経済的である」といわれる理由の一つです。

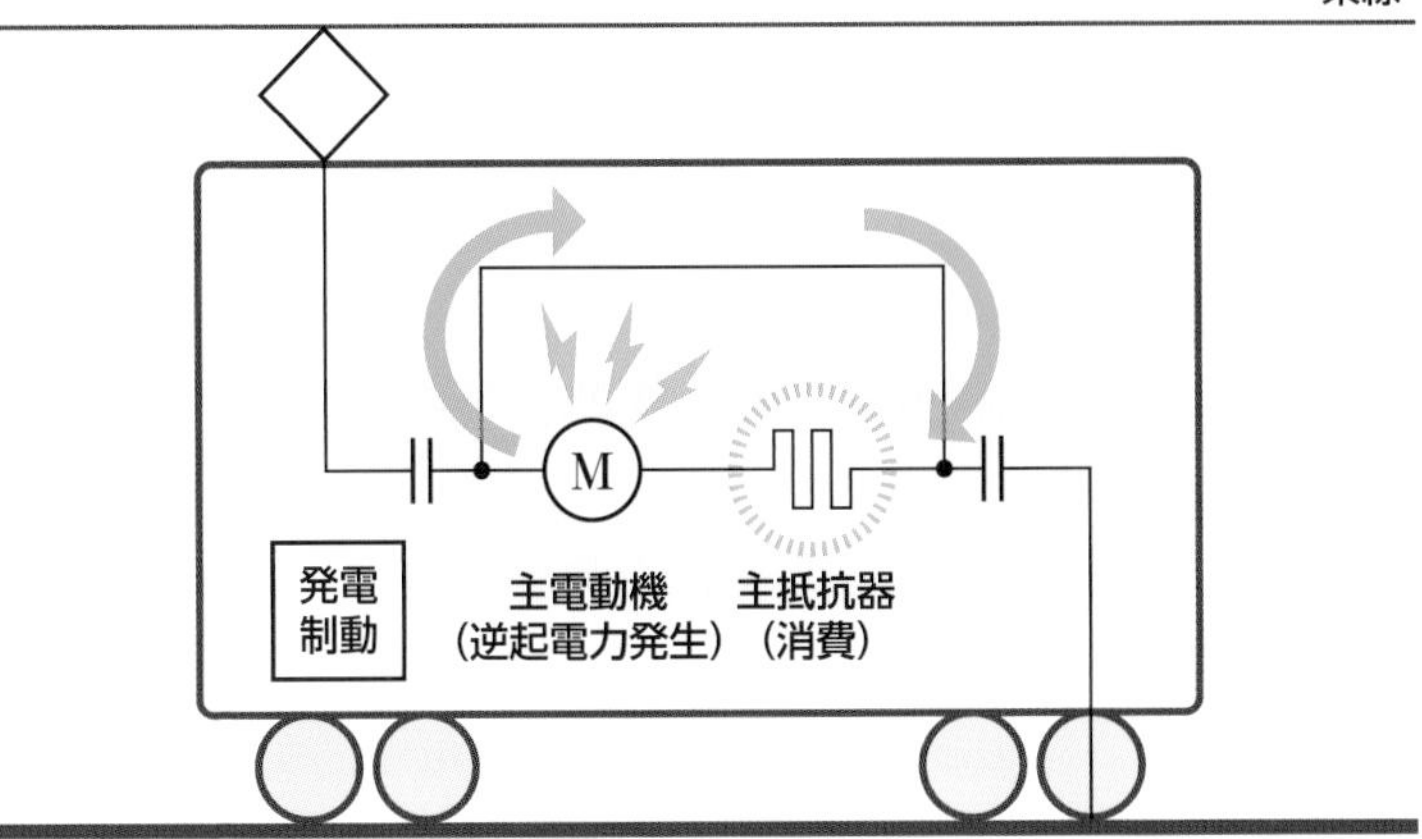

発電ブレーキ

回路の間に抵抗を入れることで、その抵抗が熱を発してブレーキをかける方法です。乗降時に電車の床下から熱風を感じた経験がある人もいるかもしれません。

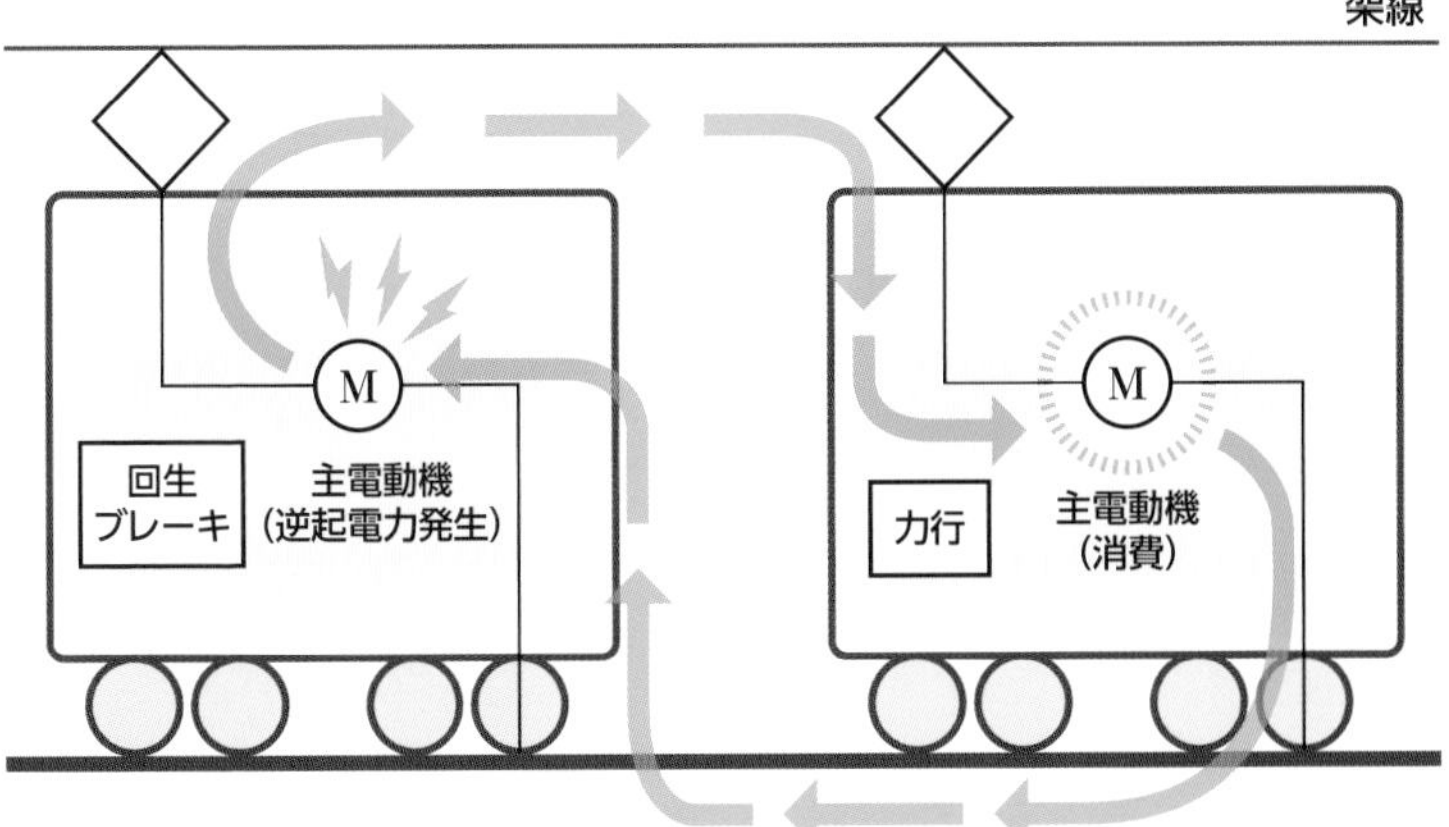

回生ブレーキ

現在はハイブリッドカーや電気自動車の普及により、さまざまな機器に浸透し始めていますが、電車では早くからこの仕組みを使っていました。

電空演算とは？

空気ブレーキと電気ブレーキの２つを見てきました。電気ブレーキはおわかりのように、モーターを使用したものなので、「モーターがない付随車には機能しないのでは？」との疑問が浮かぶかもしれません。そこで、運転士から指示された必要なブレーキ力は、**電気ブレーキと空気ブレーキの比率が適切に計算**されています。基本的に初動からしばらくは、必要なブレーキ力を電気ブレーキでまかないます。

また、一定速度で電気ブレーキが弱くなると、空気ブレーキが動作しますが、その切り替え時に、急激な変化がないよう、ブレーキ力を調整します。これらの計算を行うのが**電空演算**です。

ブレーキハンドルの操作

①自動空気ブレーキの操作

自動空気ブレーキのハンドル操作は、指示通りのブレーキ力が得られる２つ（電磁直通ブレーキ、電気指令式ブレーキ）と比べると感覚が異なり、かなり難しい操作です。ブレーキ時は、ハンドルを「**常用ブレーキ位置**」まで持っていき、自分の欲しい圧力までブレーキを持ち続けます。放って

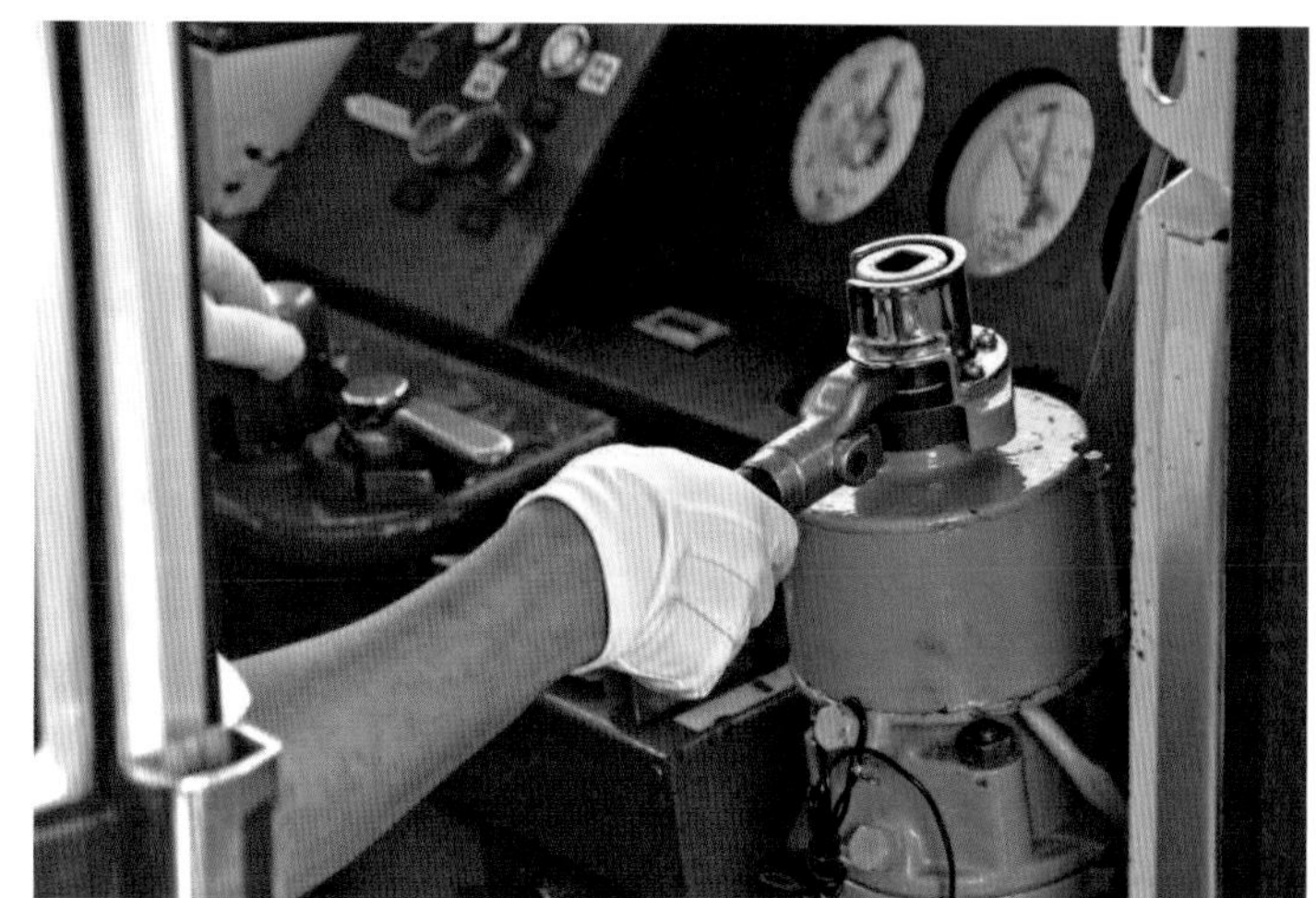

自動空気ブレーキ
自動空気ブレーキは電磁直通ブレーキや電気指令式ブレーキに比べて応答性が悪く、感覚的に使えるものではないので、運転士に技術力が必要です。

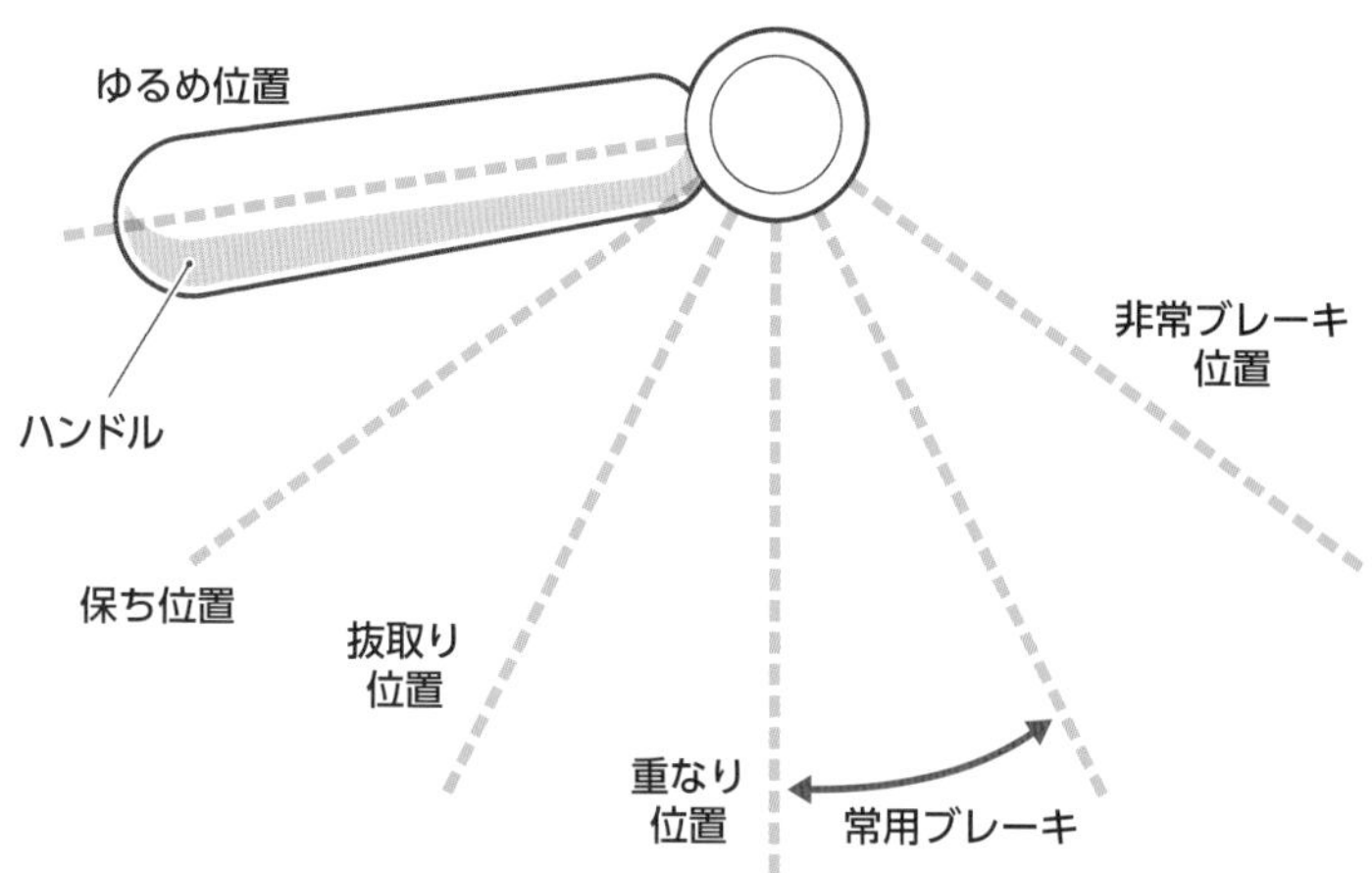

自動空気ブレーキの操作位置（一例）

おくと減圧が進み、ブレーキ力は上がり続けます。そして、十分になると「**重なり位置**」に移動させ、圧力を保ちます。このとき、「**ゆるめ位置**」に持っていくとブレーキ力はゼロになるので、再度、実行する常用ブレーキ位置まで持っていくことになります。

②電磁直通ブレーキの操作

こちらは「**セルフラップ弁**」によるブレーキ操作です。セルフラップ弁は、ハンドルの角度によってブレーキ力（直通管への圧力および変換された電気ブレーキ力）が得られるので、**直感的な操作が可能**です。セルフラップ弁は、電気部と空気部から構成されることで、電気と空気の連動ができるため広く普及し、現在でも多く使用されています。

80度の位置が、常用最大ブレーキです。ブレーキ力が高いと感じれば、角度を時計回りの方向へゆるめていきます。また、非常ブレーキは自動空気ブレーキで、ブレーキ管の圧力が0キロパスカルになる状態です。使用時は一番奥の位置まで、反時計回りに手首を返すようにして投入します。

電磁直通ブレーキ

空気指令式電磁直通ブレーキは応答性がよく、電気指令式ブレーキはステップ数が決まっているのに対し、運転士自身で微調整ができるのもメリットです。

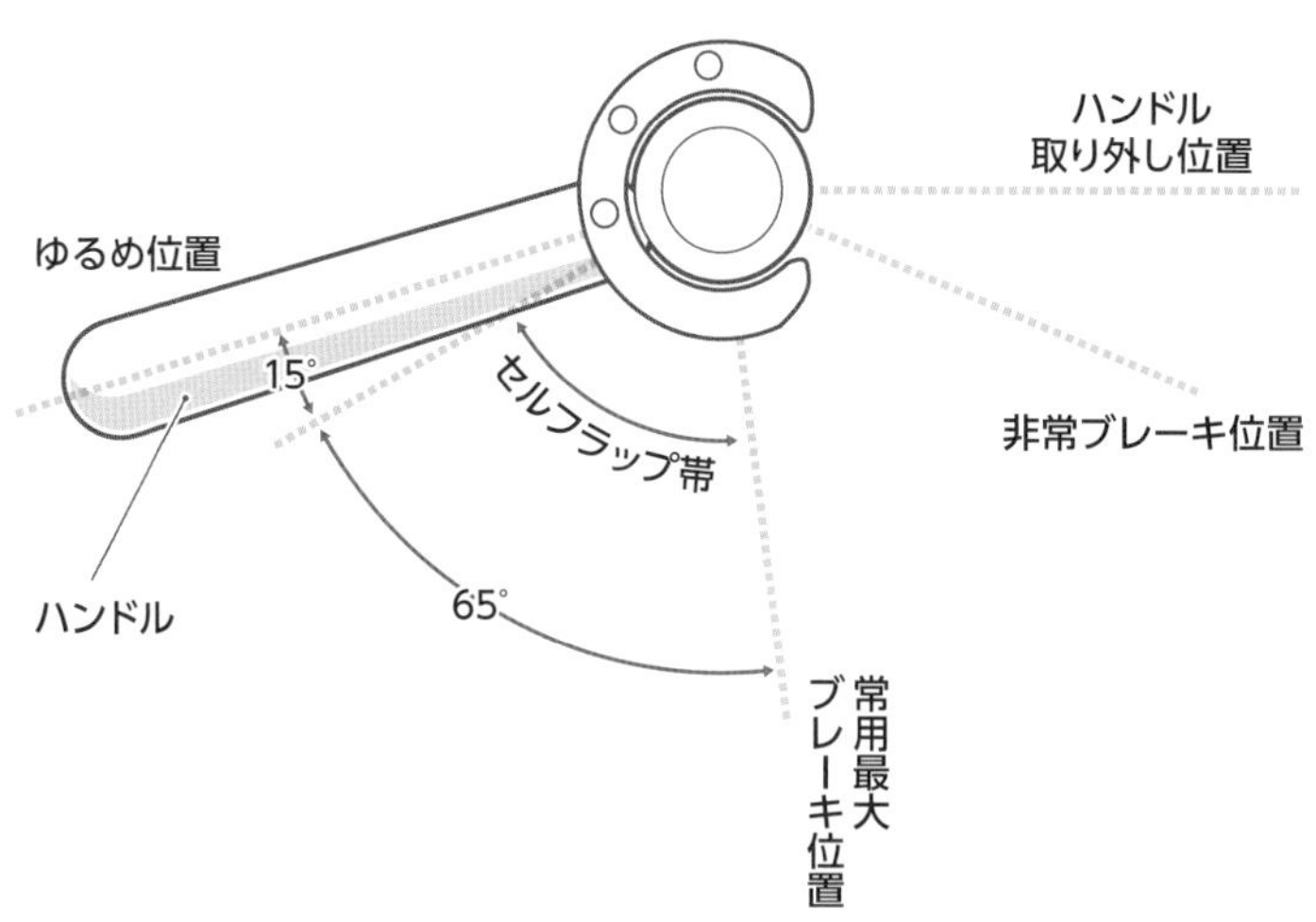

電磁直通ブレーキの操作位置（一例）

③電気指令式ブレーキの操作

ここでは、ワンハンドルタイプを見ていきます。ブレーキハンドルでの操作とは異なり、マスコンキーを挿入すると操作可能となります。ブレーキ指令線を元に「常用7ステップ」+「非常ブレーキ」に分けていますが、「常用5ステップ」や「常用8ステップ」の場合もあります。

構造こそ違えど、考え方はセルフラップ弁と同じく「必要なブレーキ力をハンドルで指示」する方法です。常用最大は7ステップで、必要に応じてステップを加減します。非常ブレーキ位置は一番奥で、ハンドルを前に倒す形で投入します。

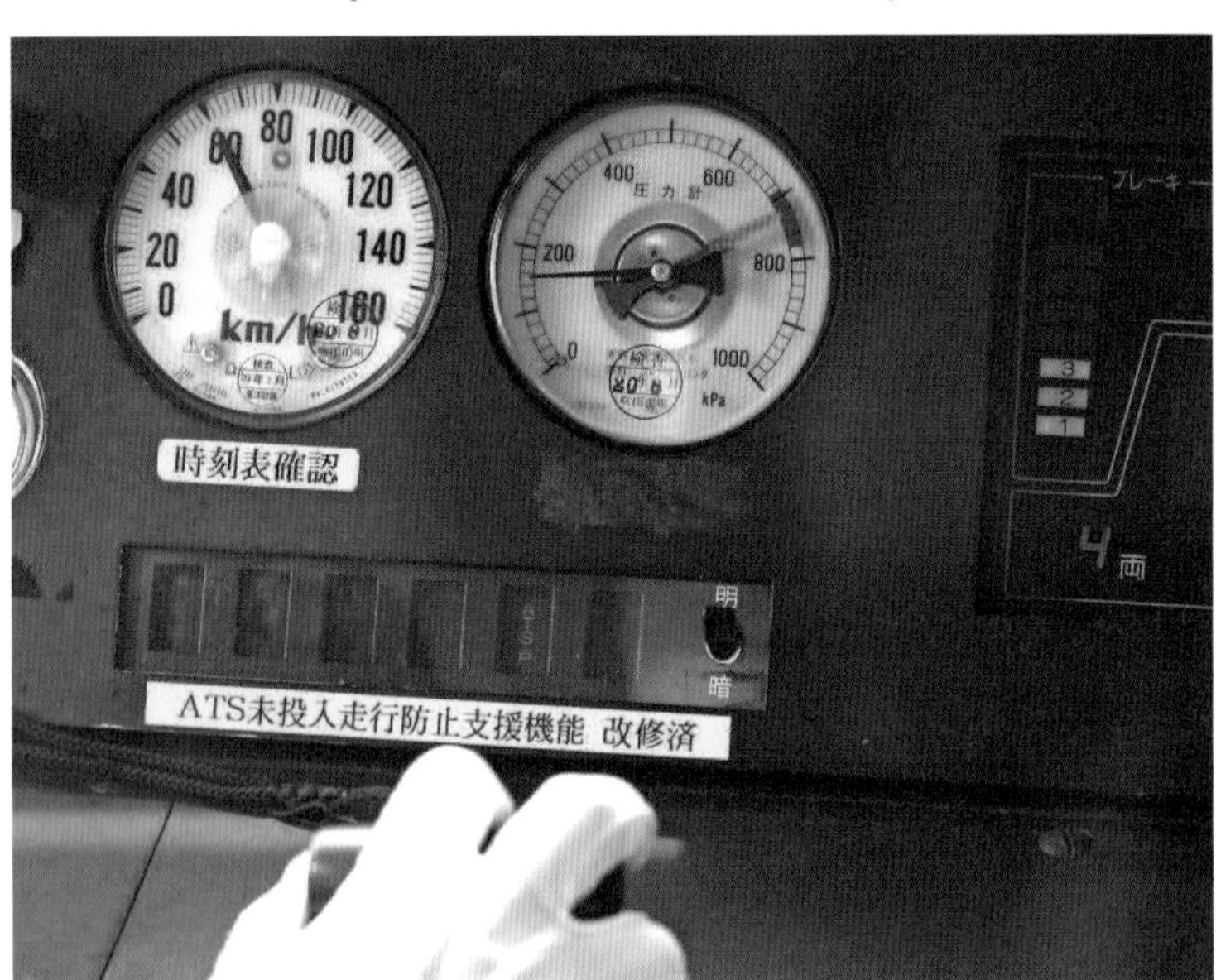

電気指令式ブレーキ
車両のタイプによって両手式・右手式・左手式とさまざまですが、基本的な操作方法は変わりません。海外では「ハンドルを手前に引いてブレーキ」という、操作方法が反対のものもあります。

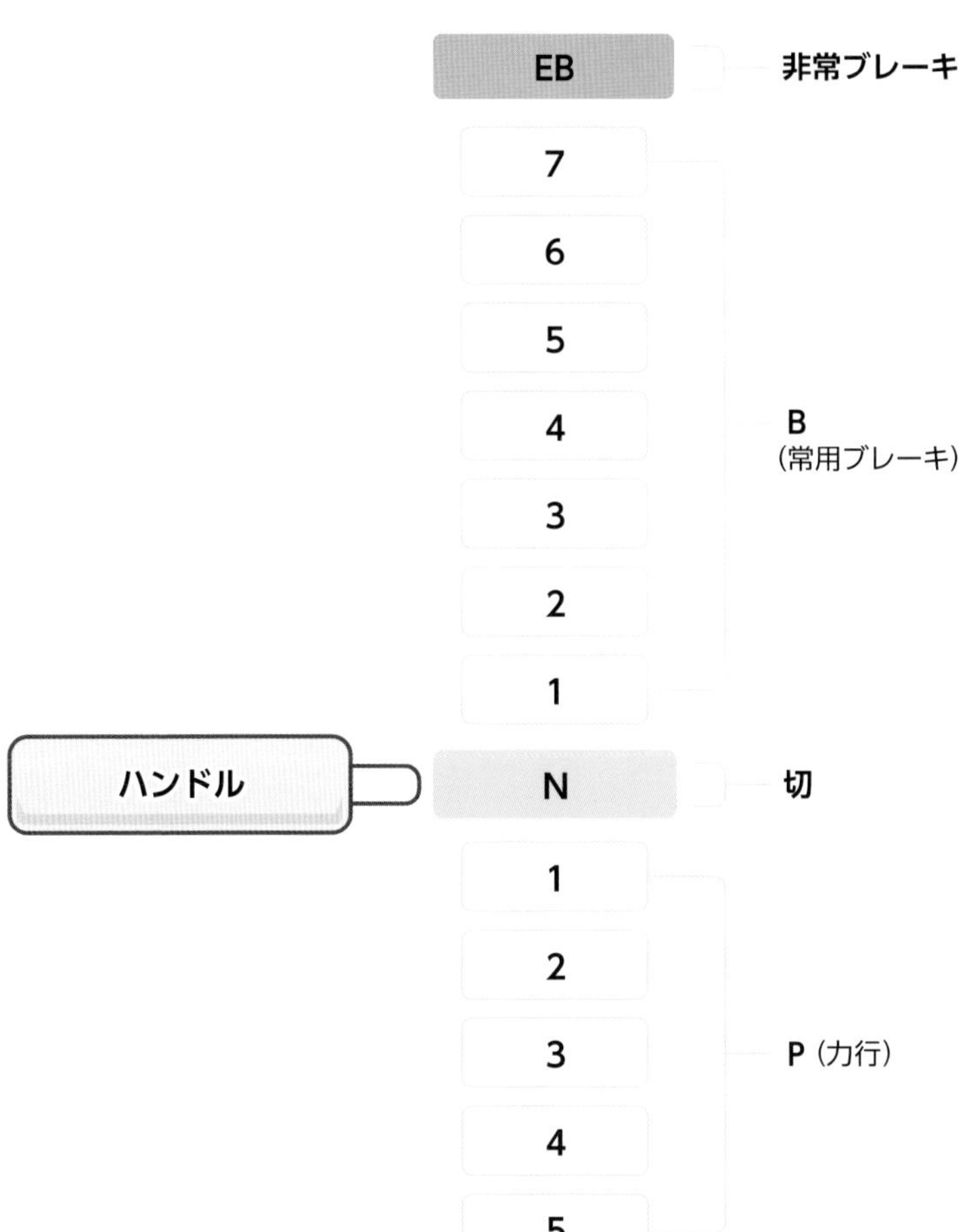

電気指令式ブレーキ（ワンハンドルマスコン、7ステップの場合）
ブレーキハンドルが不要で、マスコンキーにて緩解（ゆるめること）ができます。現在、多くの新造車両に採用されており、操作も簡単です。

14 駅で安全・安心・快適に停車するための技術

「常用ブレーキ」のブレーキ方法と停車ブレーキ

ブレーキは装置によって異なりますが、**常用ブレーキ**では、運転士が車両に必要な圧力を指示することでブレーキ力を得ます。そのために**ブレーキハンドル**を使うのですが、その使い方も見てみましょう。

電気指令式ブレーキであれば、通常「**7段階**（**B1～B7**）」が常用ブレーキです。電磁直通ブレーキのブレーキ弁は古いタイプですが、ハンドルの角度を変えることで直通管圧力を調整し、ブレーキ力を指示します。運転台の圧力計に直通管とブレーキ管が表示されているので、そこを見れば、どのくらい入っているのかがわかります。25度でB１（約70キロパスカル）、80度で常用最大なのでＢ７（約４４０キロパスカル）に相当します。ただし、経験を積めば、見なくても手元の感覚でいくつぐらいの圧力（キロパスカル）をとったのかがわかります。この圧力を使いこなして停車や減速を行います。

では、具体的にイメージしてみましょう。

高速で運転してきた列車は、いよいよ停車駅に到着します。大きな駅には**場内信号機**が設置されている場合があり、これは駅構内の入口に設けられています。

出発信号機が「R現示」になっているとすれば、ホーム進入手前の場内信号機が「Y現示（45～65km／h）」もしくは「YY現示（25km／h）」になっていたり、進入手前のポイントに制限速度が設けられていたりする場合があります。

例えば、筆者が運転していた線区を例にとってみましょう。手前の場内信号機はY現示（65km／h）の駅が多く、仮に120km／hで運転していた場合、まず、場内信号機の直下を65km／h以下で潜れる（通過できる）ように減速します。直線・平坦な箇所では、信号機の約500m手前からゆっくりとブレーキをかけ始め、B5で着実に落としていきます。その後、

停車駅に進入する列車の運転席からの風景

駅進入時は、停車位置目標を狙ってブレーキをかけるのはもちろんですが、ホームからの転落に注意を払い、滑らかなブレーキングも意識しながら減速していきます。

少し手前で63km／hあたりまで落ちたことを、チラッと速度計を見て確認し、場内信号機の制限はクリアです。

そして、休む間もなく**停車制動**に移ります。ホーム上の旅客に注意喚起の気笛を一声、鳴らしながら担当の両数をもう一度確認し、ブレーキをかけ始めます。ホーム長が約２００m、８両編成用の停止位置を目指すのであれば、だいたいホーム端を60km／hで、Ｂ５を持ちながら進入したいところです。

進入後は、もう速度計を見ることはほとんどありません、ここからは、運転士が養ってきた実際の減速感覚との勝負です。視覚的に景色が過ぎていく速さも大事ですが、なによりブレーキの効きは、運転席に座っていると、**腰のあたりに一番感じる**ことができます。この独特の減速力を体で感じ、それに応じて、すぐさまブレーキを加減します。

理論上は、Ｂ５の減速度が2.5km／h／sですから、２００m前からブレーキが効いていれば、ちょうど停止するはずです。ただし、車両の特徴や電圧との関係などがそれぞれありますから、すべてセオリー通りとはいきません。最初のＢ５の投入で、もしブレーキが効いている感覚がなければ、Ｂ６、Ｂ７まで追加して調整します。逆に効きすぎているようであれば、少しだけＢ４に入れます。

そして「確実に止まれる」という感覚が得られれば、あとは停止位置目標との勝負です。ホーム中段で40km／hぐらいでしょう。停止位置目標を視界の端に捉えながら、ブレーキを段階的に減圧していきます。最後はショックがないよう、寸前に少しゆるめて無事、停車です。停車直前にゆるめて停車する手法は**残圧停車**ともいわれますが、少しでも勾配がある駅では転動（自重で動いてしまうこと）する可能性があるので行いません。その場合は最小ブレーキで止めます。

「上手な運転」といわれる要素はいろいろありますが、そのテクニックの主たる部分は、**停車ブレーキの技術**に現れます。ただ、停車ブレーキ一つとってもさまざまな方法があるので、ここではメジャーなブレーキングをいくつか紹介します。

2段制動3段ゆるめ

最もポピュラーなブレーキングの一つです。基本的に、最初にB1もしくはB2を入れて、次に大きなブレーキでB5もしくはB6あたりまで一気に投入し、ある程度減速するまで保持します。そして、速度がある程度落ちると、タイミングを見て、B4↓B2↓B1という3段階でゆるめていく方法です。この場合は、速度が高いところから徐々に下げていきます。1段目の小さいブレーキを入れずに、1段で大きくブレーキをかける**1段制動**を行う場合もありますが、投入時のショックは大きくなります。また、正確な距離感覚がつかめていないと、ブレーキ圧力を1回で込める制動は難しいといえます。

自動空気ブレーキが主流の時代は、一度ブレーキ力を決めると簡単には追加できなかったので、

1段制動で徐々にゆるめていく方法が主流であり、その「名残」が今も残っているともいわれます。

●3段制動2段ゆるめ

徐々にブレーキ力を込めていく方法です。B1→B3→B5→B2→B1と、ホーム中段からグッと強いブレーキになり、最後にテンポよく2段抜いていきます。グラフが山なりになるので、乗り心地もゆるやかです。**安全かつスムーズで、手堅いブレーキ方法**です。

●階段制動階段ゆるめ

文字通り、階段のようにB1→B2→B3→B4→B5と、1段ずつブレーキを込めて、ゆるめるときも、B4→B3→B2→B1と順に抜いていきます。これはブレーキの衝撃が少なく、乗り心地が一番よい方法です。ただし、制動時間が延びてしまうので、前記2つの方法と異なり、**遅延発生時には遅れを回復できないブレーキング**です。

「理想的なブレーキ」とは？

以上のブレーキ方法はあくまでもモデルケースなので、運転士によってやり方はさまざまです。

また、会社によっては推奨されているブレーキ方法があったり、内規で定められている場合もあ

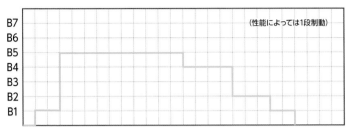

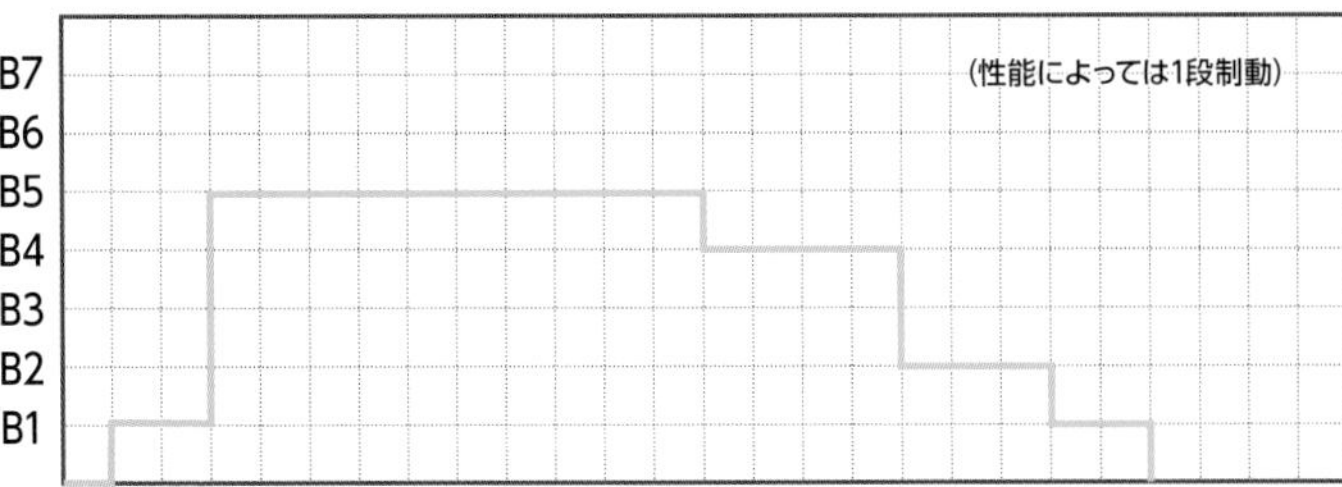

2段（1段）制動3段ゆるめ

基本的な制動です。最初のブレーキで入れるステップは、性能によってB1～3などもありますが、2段目のブレーキを大きく取り、少しずつ減圧して調整していきます。

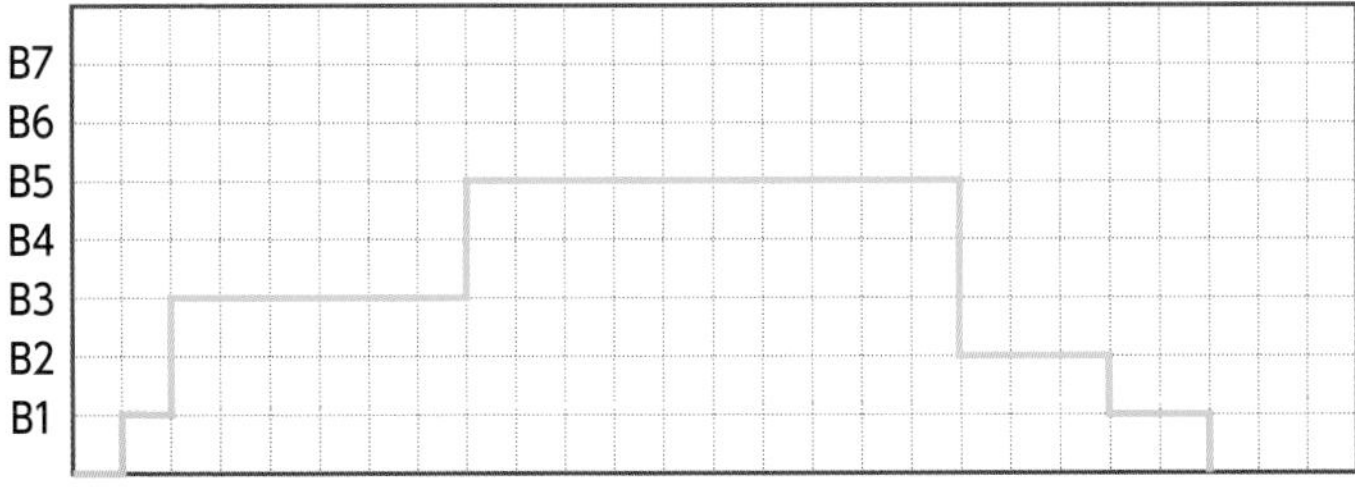

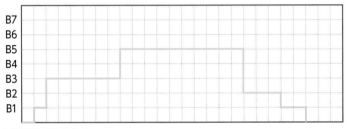

3段制動2段ゆるめ

①の方法が減圧して調整するのに対し、加圧して調整するイメージです。こちらも多くの運転士が好んで使っているようです。

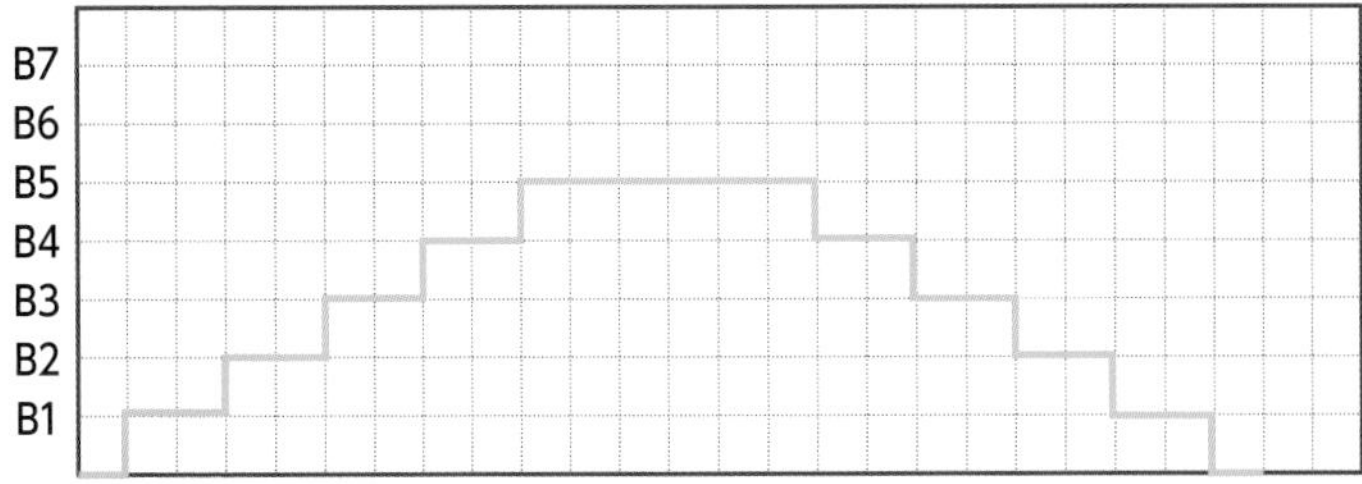

階段制動階段ゆるめ

グラフを見てもきれいな山なりなので、各段において調整がしやすいともいえます。その分、ブレーキ中の減速度が低いので、制動時間が延びてしまうことが欠点でしょう。

るようです。

そして、毎回このような「教科書通り」のブレーキングができるとは限りません。むしろ、経験が少ない見習い・新人は、上手く感覚がつかめず、試行錯誤することでしょう。

経験の浅い運転士だったり、自分が思っていた感覚とズレがあった場合などには、「ブレーキゆるめ・込め……」と、何度もブレーキを繰り返してしまう、いわゆる「**舟漕ぎブレーキ**」（**3-4**参照）になってしまいます。これはユラユラと乗り心地が悪く、停止までの効率も悪いので、「下手」なブレーキといっていいでしょう。

何が「理想的なブレーキ」かは、何をもって「上手」というかにもよるでしょう。例えば、定時もしくはやや早着ぎみに、駅に進入していくとします。この場合は、何よりも「乗り心地重視」で、少しでもショックが少ないブレーキを心がけるべきで、停止まで時間をかけてもよいでしょう。

一方、遅延時のブレーキは、「1段制動」のように「大きくブレーキして、停車位置ギリギリまで保ち、一気にゆるめる」といった、ある種チャレンジングなブレーキで少しでも遅れを取り戻すのもテクニックの一つです。

また、毎回上手に決まるのが理想ですが、駅の特性や車両の性能（**第3章**）、天候、時間帯など、さまざまな要因があるので、同じ距離と速度から同じブレーキングをしても、毎回同じ結果とは限りません。

15 停止位置目標（停目）でピタリと停止する技術

駅に列車を停止させるとき、運転士は**停止位置目標（停目）**に列車の先端を合わせて停車させます。列車の両数や種別によって停止位置が異なる場合もあるので、毎回どの位置に停止するかを考えてブレーキ操作をします。

100km／hを超える高速域から数百m先の停止位置に合わせていく作業は、慣れるまでは至難の業です。高速域から停止することも難しいですが、「最後のcm単位の誤差を、ズレなくピタリと止める」テクニックは、一朝一夕で習得できるものではありません。

停止位置目標の設置箇所はさまざまですが、主に運転士の横側に合わせる「**横置き式**」と、線路間や枕木上に置かれる「**下置き式**」があります。また、駅の天井から吊るされていたり、地面から垂直に立っているものも多く見受けられます。

駅に進入すると、運転台からは停止位置目標が迫ってくるように見えます。直前にブレーキの微調整に入りますが、下置き式や地面に設置されている場合は、いよいよ最後の停車の瞬間に、運転士の視界から停止位置目標が消えます。つまり、**運転台からは死角となる場所に停止位置が**

あることになります。

さらに、車両の先端が長い車種は、運転台からの視界も違うため、停止位置の感覚が通常と異なり、さらに体感とかけ離れます。

停止位置が視界から消えても数cm単位の狂いも出さない技術は、まさに職人技です。新人のころは、感覚と実際の停止位置の違いに苦労するため、停止後、何度もホーム上に降りては位置を確認し、修正を重ねます。ちなみに、**運転士登用試験での停止位置の許容範囲は±1m以内**となっており、受験者が特に苦労する点でもあります。

このような微妙なズレを防ぐために、運転士は慣れるまで、各駅に目安を持っていたりします。例えば「○○系を担当して、○○駅に停車するときは、乗務員扉から電灯が真横にある位置に止めればピッタリだ」という具合です。そして経験を重ね、上達することで、死角でも誤差なく停止する技術を徐々に身につけていきます。

もし停止位置を誤ってしまうようなことがあれば、ホームの利用客が乗車位置で正しく整列しているのに、その位置で乗車できなくなってしまいます。それだけではなく、「短い編成を担当している」と勘違いして手前に停車し、「実は長い編成だった」場合、後部がホームについておらず、開扉してしまうとたいへん危険です。

なお、**TASC**（Train Automatic Stop-position Controller：**定位置停止装置**）は、停車位

置にぴたりと止めるために、自動でブレーキが動作する装置です。これを搭載している車両であれば、前述のような微調整は必要ありません。ATO（自動列車運転装置）での運転も同じく、**ホームドアが普及した近年は、確実に停止位置を合わせる必要があるため**、このようなテクノロジーに頼るのが確実ともいえます。

とはいえ、本来、運転士の技術力を要する停止の場面を自動に頼りすぎると、手動停止できる運転士の養成が難しくなります。技術進歩の過渡期には、避けて通れない課題でもあります。

停止位置目標（横置き式と下置き式）
この目標部分に運転士の真横や連結器の先端を合わせたりします。この感覚を身につけるのが、慣れるまでは難しいのです。書かれている数字は列車の両数です。

16 停車することが難しい「運転士泣かせ」の駅がある

ここまで、電車を「止める」技術を見てきましたが、駅ごとに「**停車の難易度**」は違うものなのでしょうか？

曲線のある駅

すべての駅が、直線上にに立地しているわけではなく、駅自体が曲線上にあることも少なくありません。また、カーブは**インカーブ**と**アウトカーブ**の2種類に分けられます。

インカーブの駅の場合、進入時点では運転士側から前述の停止位置目標が見えず、最後に突如現れるような感覚になります。**曲線が強いほど難易度が高い駅**といえます。

アウトカーブの駅の場合、インカーブの駅と比べれば停止位置目標は見えやすいのですが、それでも直線駅より難易度は上がります。また、いずれの曲線にしても**曲線抵抗**が発生するので、これを加味してブレーキングする必要があります。

勾配のある駅

曲線のある駅と同じく、すべての駅が平坦な場所に立地しているわけではないので、「上り坂や下り坂になっている駅」も多く存在します。上り下りとも**勾配抵抗**が正負に働くので、通常よりも停車しづらいのですが、**特に難易度が高いのが下り勾配の駅**です。下りでは加速する力が働いているため、万一、少しでもブレーキが遅れた場合には、オーバーランの可能性があります。反対に、上りは減速する力が働くため、感覚より少し遅くブレーキをかけたとしても、停車直前で引っ張られるように効いてきます。ただし、その力を過信しすぎるのも危険です。

曲線のある駅、勾配のある駅のいずれにおいても、ある程度のチェックポイントを持ち、例えば「ホームの真ん中で○○km／h」といった目処を、停車ブレーキ中に確認することも効果的です。そうすれば、たとえ止めづらい停止位置でも、それを基準に微調整を効かせたブレーキングができ、より滑らかな停車につながります。

もちろん、技術がないのに無茶な停止をするのは望ましくありません。確実に停止位置に停止しなければならないので、ホーム進入時の速度は、直線駅と比べればかなり低くして、停止位置目標に合わせるのが最善です。

電圧が高い駅

「回生ブレーキ」（1-13参照）でも述べた通り、電車はブレーキ時に、モーターを発電機として使用し、架線に電気を返します。しかし、反対列車が同じ停車駅で停車ブレーキをかけていたり、早朝や深夜など、電気を使う他の電車が区間内に少ない時間帯などには、**電気の返却先の電圧が高くなり、返却できない場合**があります。

このとき、高速域から停車ブレーキをかけている真っただ中で、急に回生ブレーキが効かなくなる現象が発生します。これを**回生失効**といいます。ブレーキシューの状態が悪いときや雨天時などは、空気ブレーキだけだとブレーキ力が著しく落ちてしまうので、失効時に、ブレーキ力が極端になくなる感覚があります。ブレーキが間に合わなければ、オーバーランをしてしまう危険もあります。

このため、変電所近くなどの電圧が高い駅には、あらかじめ回生失効のリスクを織り込んだ運転が必要となり、**空制ブレーキのみで停車する**など、ブレーキを過信しすぎず、より慎重な停車が求められるのです。

曲線のある駅
大きなカーブを描く駅は、直線駅に停車する感覚とは異なります。闇雲なブレーキよりも、慎重なブレーキングを行うのが得策といえるでしょう。

勾配のある駅
下り勾配は思ったよりもマイナスの勾配抵抗、つまり後ろの車両が前に押してくる感覚があるので、平坦な駅と比べて早めにブレーキをかけます。

Column 01

速度メーターを見ずに「今、何km/h」ってわかる？

動力車操縦者運転免許の取得にあたり、技能試験項目の中で「**速度観測**」があります。これは、試験時に試験官が速度メーターを隠して、「今、何km/h？」と問うので、受験生がそれに回答する、というテストです。

現在はほとんどの現行車両に速度メーターが装備されていますが、これは、速度計が故障した場合を想定しています。もちろん、一般の方や見習運転士には難しいでしょうが、これは経験を養うことで身につく技術の1つです。**1km/hの誤差もなく言い当てられる運転士も多く**て、これぞまさしく「職人技」といえるでしょう。

運転中は、もちろん速度メーターをチェックします。特に信号や制限速度のあるところでは、速度超過は許されません。ただし、運転士は線路上や信号など、常に「前方注視」することが基本なので、速度計を何度も見るわけではなく、必要なチェックポイントで確認するのみです。

駅停車時などには速度メーターには目もくれず、視覚や聴覚、体に感じる減速感を駆使してブレーキをかけます。「いつもよりブレーキが効いてない」と感じれば追加、「効いている」と感じれば減圧と、**最終的に速度メーターに頼る運転士はいません**。

速度観測は「枕木が数えられるなら25km/h」「鉄柱の流れるスピードから判断する」など、人によってやり方があるのですが、最終的には**加速感・減速感という「肌感覚」が最も重要**です。

なお、名鉄デキ600形電気機関車（現在は廃車）は、もともと速度計を装備していなかったので、運転担当時はいつもより緊張して運転をしていました。

第2章 運転士の勤務のリアル

1 運転士はいくつもの部署にサポートされている

当然のことながら、列車の運行は運転士だけで成り立つものではありません。さまざまな部署がお膳立てをしてくれて、ようやく運転ができるのです。

運転士をとりまく部署の紹介

● 運輸区（乗務区）

運転士や車掌といった乗務員の本部です。車掌はドアの取り扱いや案内放送、車内巡回などの業務があります。管理職や助役、事務係なども内勤しています。

● 駅

旅客の乗降や貨物の積卸などを行うところです。多くの権限を持つ駅長を始め、窓口でのきっぷや定期券の販売、清算所の営業業務や、信号取扱、連結解放などの運転業務もあります。

●運転指令所

全線の状況を俯瞰(ふかん)して把握します。指令員は遅延時の運転整理や、異常時には運転士だけではなく、各関係部署への指示を行う運行の中枢です。

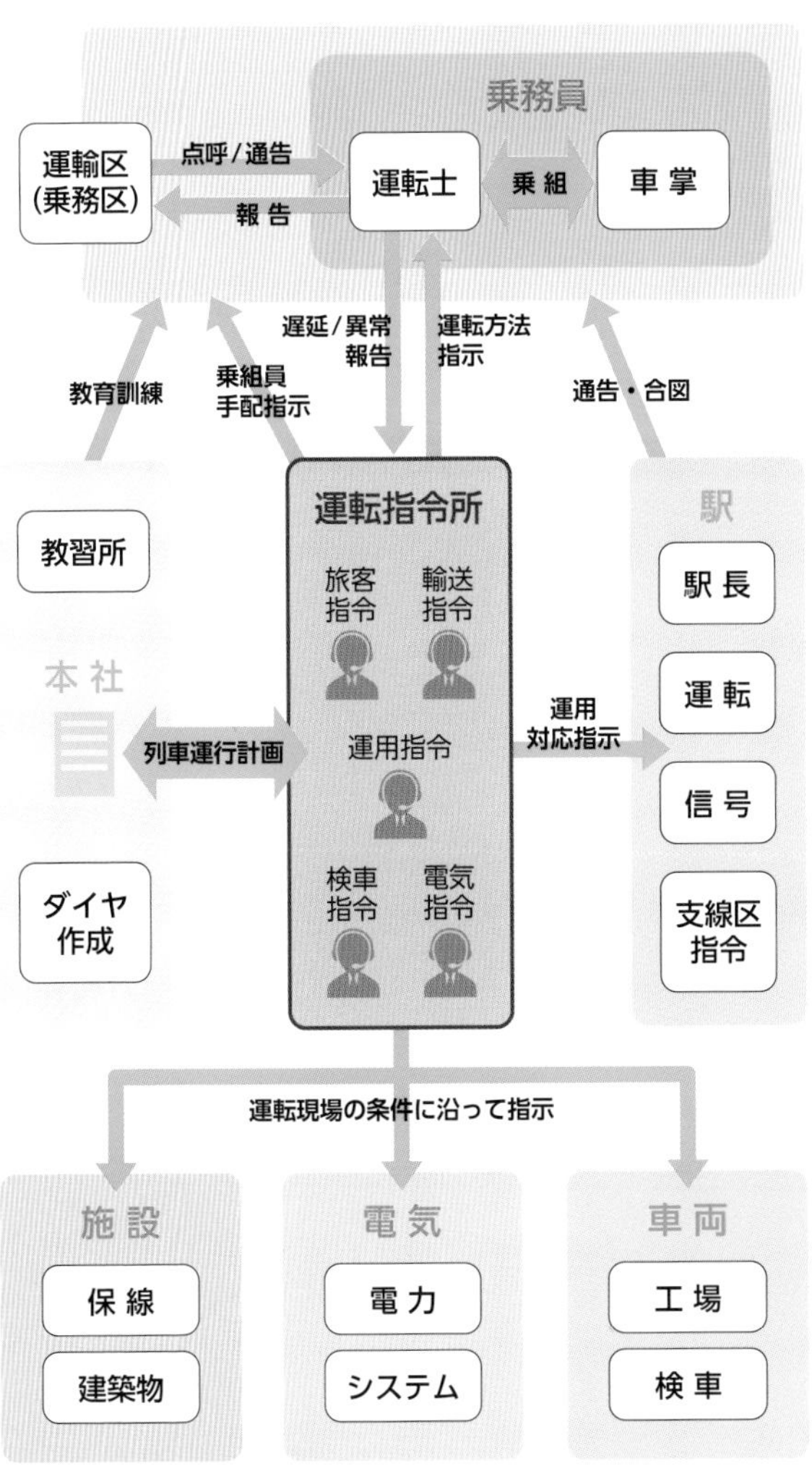

運転士をとりまく環境のイメージ

指令の指示は、列車無線を経由して運転士に伝えられます。逆に、運転中における駅や施設への連絡は、指令所へ向けて行います。

●電気

電車が動く元となる電気関係の架線や変電所の他、保安装置の信号機、無線、雨量計の管理やモニターなど多岐に渡ります。安全装置の「肝」となる設備で、係員は保守点検に努めます。

●施設

レールや道床などの線路点検から、橋梁やトンネルも含めた工事作業まで行います。線路設備は劣化すれば乗り心地に影響し、最悪の場合は脱線の危険もあり、保守作業が非常に重要です。

●車両

車体や台車に異常がないように整備します。列車には定期検査があり、車両基地で行います。故障列車や新造車、改造車の準備、塗装、車輪の旋盤や試運転などにも携わります。

●本社

鉄道会社全体の経営はもちろんですが、運転部門においては他部署、他社、運輸局や自治体などとの渉外、および将来的な輸送、設備計画の策定やダイヤ作成も行っています。

2 運転士が乗務前に準備しなければならないことは多い

運転士は、**運輸区**（**乗務区**）という職場に所属しています。たいていは駅と併設、もしくは近くに建物がある本部機能です。出退勤もこの場所になりますので、必然的に乗務員の勤務の交代もここで行われることになります。他にも事務係スタッフが詰めたり、休憩所、ロッカー、仮眠宿泊施設、会議室などが備えられたりしています。

運輸区に到着後、制服に着替えて**乗務前の準備**を行います。担当区間での工事情報を確認したり、最近発生したトラブル情報などを掲示物から収集したりして、必要に応じて手帳に記入します。携行する時計については、「1秒のズレもないか」をこのタイミングで整正します。どれもすべて、安全・時刻通りに運行するための事前準備です。

出発時刻の30分前ごろから、乗務区内で**出勤点呼**を受けます。助役と呼ばれる上席者と対面して、出勤したことを申告し、アルコール検査を実施します。

鉄道においても、運転士の酒気帯び乗務は禁止されており、動力車操縦者運転免許の「取消等の基準」では、「呼気1リットルにつき0・09mg以上のアルコール濃度を保有している場合」と基

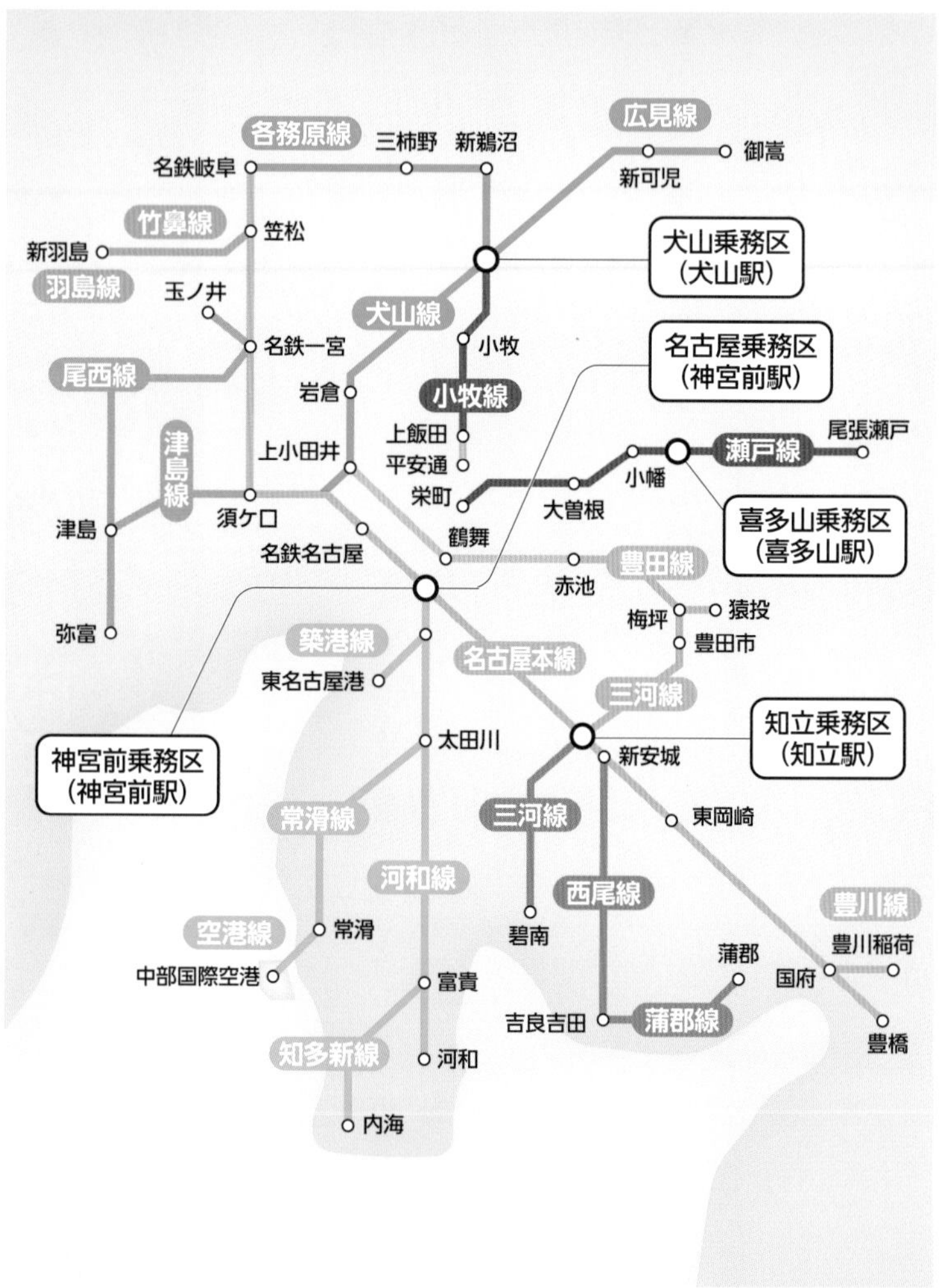

名古屋鉄道の乗務区

担当線区が長いほど、多くの駅・路線の特徴を知る必要があります。異動の場合などは新たに担当線区について覚えなければなりません。

準が定められています。ただし、事業者によってはより厳しい基準を設けている場合もあり、一般的に飲酒は「**乗務8時間前までがリミット**」といわれたりもします。アルコールの分解能力には個人差があるため、万一検査に引っかかったりすると、その日の乗務は不可となり、控えの乗務員に急遽担当してもらうことになります。こういった体調管理をしっかりすることも、運転士としての大事な心構えの一つなのです。

その後は、本日の担当行路や、心身状態に異常がないか、携行品に不備がないか、特別な通告（時刻・制限速度変更など）の有無など、乗務に必要なあらゆる確認を行います。また、ワンマン運転を除き、**乗組**（のりくみ）と呼ばれる、当日同じコースを担当する車掌とともに出勤の点呼を受け、このときに1本目の発車時刻の打ち合わせも、あわせて行います。

出勤点呼が終わると、発車まで少し時間があるので、今日の行路をもう一度見返し、担当する車種を確認したり、勤務時間中の天候チェック（雨天、暴風情報など）、並行する他社の事故情報などを収集します。身だしなみのチェックや、発車前にトイレを済ませておくことも、安心して運転するためには重要で、決して侮れません。

そして、いよいよ**乗務開始**です。発車時刻の一定時間前（5～10分前など）には、乗組の車掌と担当列車について**直前打ち合わせ**を行い、正帽をかぶり、ホームへ向かいます。

表1　乗務前の確認項目（一例）

- ☑ 担当区間での工事情報
- ☑ 最近発生したトラブル情報
- ☑ 携行する時計の時刻合わせ

表2　出発30分前の出勤点呼

まだ列車に乗っていませんが、もう業務は始まっています。特に「通告」は列車運行に直接関わるので、たいへん重要です。

- ☑ アルコール検査
- ☑ 担当行路の確認
- ☑ 心身状態の確認
- ☑ 携行品の確認
- ☑ 特別な通告の確認
- ☑ 車掌との打ち合わせ
- ☑ 1本目の発車時刻の確認

表3　最終確認

車種・天候は、その日の運転方法に直接影響を与えるので、運転士としては気になるところです。頭の中でイメージトレーニングを行い、本番に備えます。

- ☑ 担当行路の再確認
- ☑ 車種の確認
- ☑ 天候の確認
- ☑ 他社の事故情報の確認
- ☑ 身だしなみの確認
- ☑ トイレ
- ☑ 直前打ち合わせ

正帽をかぶり、運転士手袋を着用して、交代を待つ女性運転士

ホームに並ぶ多くの乗客を見ると、多くの人たちを乗せて運転するという責務を感じ、身の引き締まる思いになります。

3 運転士が必ず持って運転台に乗り込むものは何か？

●乗務行路表（仕業表）

その日の運転士の乗務計画が記載されているものです。あらかじめ決められたコースを運転し、どの列車を担当するかが、**線**を使って視覚的にわかります。事故が発生した場合は別のコースに入る可能性もあるため、全勤務の行路表を持ち歩いている場合もあります。

●時計

毎度、始業時に時計を整正する必要があります。予備として腕時計も装着していますが、走行中に手元に目線を落とすのは危険です。**懐中時計**を運転台に設置することで、運転台の視界に入れられます。アナログはデジタルよりも**時間を視覚的に捉えやすい**のが利点です。デジタルは、一度数字を読まないとダメですが、アナログなら例えば、「00秒ちょうど発」なら、秒針の位置で「発車○秒前か」が、ぱっと見でわかるからです。なお電波時計は高速移動では受信できないことも多いので、伝統的な懐中時計を使用しています。

●**列車運行図表**

いわゆる**ダイヤグラム**です。縦軸が駅名、横軸が時間で、**線**（**スジ**）を引いて列車の運行が表されます（**3－8**参照）。

●**マスコンキー、ブレーキハンドル**

マスコン（マスターコントローラー：主幹制御器）の鍵を挿入、またはブレーキハンドルをはめ込み、ブレーキを緩解して初めて、列車を起動できます。

●**運転士手袋**

着用に特に決まりはないので

懐中時計

懐中時計が基本ですが、故障などのときのために腕時計も身につけ、あわせて整正しておくことが多いです。

すが、多くの運転士が白い手袋を使用しています。ブレーキハンドルを握るとき、**素手と比べて摩擦が少なく、滑らかにブレーキを操作できる**ことや、指差称呼（指差喚呼）の際に**目標物をはっきりと指差せる**という効果もあります。伝統的なもので、見事に免許を取得できたときに、教官の運転士からもらう習慣もあるようです。

運転取扱心得、マニュアル類

鉄道事業の規定が記載された運転規程、細則、全列車の時刻が乗った時刻表、大雨や車両故障が発生した場合の異常時対応マニュアルなどです。現在はタブレットなどによる電子化が進んでおり、軽量化・ペーパーレス化も進んでいます。マニュアル類の整備も運転士の重要な業務の一つで、乗務前に改訂されていないか確認し、必要に応じて差し替えて、常に最新の状態にします。

ゴム手袋、消毒液、ビニールシート

人身事故対応時や出血している怪我人に対応するときなど、感染症の危険があり、衛生面を気遣うべき状況で使います。

●軌道短絡器

異常事態が発生し、他の列車を止める必要がある場合、２本のレールをまたぐように設置することで、線路上に電車が在線しているように電気回路に検知させます。この状態を**短絡**といいます。これにより、手前の信号機に停止信号を現示させ、列車の進入を防ぎます。

●ラッチキー（忍び錠）

乗務員室の開閉だけではなく、客室扉を取り扱うことができたり、車両のさまざまな箇所を解錠、施錠できる大事な鍵です。

●予備用メガネ

免許に「矯正眼鏡を使用」が条件となっている運転士は、乗務担当時にメガネやコンタクトレンズの他、予備用メガネの携帯を必要としている場合もあります。

●乗務手帳

出勤時に受けた通告事項をメモしたり、乗務時にメモが必要なとき、すぐに取り出して記入できるよう、近くに携行します。

●その他

宿泊セット（宿泊勤務の場合）や、必要な場合は、**睡眠時無呼吸症候群**（SAS：Sleep Apnea Syndrome）の治療で用いる**CPAP**（持続陽圧呼吸装置）や**マウスピース**を携行します。運転士は仮眠がともなうので持ち歩く人もいます。

4 一人前の運転士になるまでの道のりは長く、険しい

運転士になるには、当然ですが、基本的に「鉄道会社に入社」しなければなりません。そして、**国家資格**を取得して初めて運転士になれます。その国家資格が「**動力車操縦者運転免許**」です。中でも最もポピュラーな「**甲種電気車**」（電気機関車と電車）の取得にあたって、入社から運転士になるまでの一般的なモデルルートを解説していきます。

入社～運転士登用試験（約2年）

まず、高校・大学などを卒業し、**運輸職**（**プロフェッショナル職**）などと呼ばれる**運転部門**での就職を目指します。ただし、入社してもいきなり運転士になれるわけではなく、駅員・車掌を経験して、沿線の基本的な知識を身につけます。入社してから早くて約2年ともいわれますが、それから「**運転士登用試験**」の受験です。これは、法規・数学などの筆記試験、適性・身体検査、さらには面接を受け、合格すると、やっと**免許取得に向けてのスタート地点**に立てるのです。残念ながら不合格の場合には、車掌業務をしながら、次回登用試験への勉強を続けます。

学科講習の科目別講習時間（一例）

甲種電気車の場合	国で定める基準
鉄道電気	40時間
運転理論	60時間
検査修繕	20時間
安全の基本	10時間
作業安全	20時間
鉄道車両	120時間
運転法規	90時間
信号・線路	40時間
合 計	**400時間**

合格基準
各科目で
70点以上

学科講習の内容

法令のようなお堅い話から、数学や物理に関わることまで幅広く学びます。多くの人にとって座学は学生以来なので、頭が痛くなるところです。

技能講習

- 乗務区所で実施
- 1人の運転士見習に対し、1人の指導運転士が同乗

技能試験

- 運転士として必要な各種項目についての審査
  ①速度観測　②距離目測
  ③制動機の操作　④制動機以外の機器の取扱
  ⑤定時運転　⑥非常の場合の措置
- 各項目70点以上で合格

技能講習と技能試験

学科と異なり、実車を使っての講習・試験です。この期間中は、毎日が勉強の日々です。

学科講習～免許取得（約8カ月）

「動力車操縦者運転免許」の取得も、自動車免許と同じように、学科と技能に分かれています。無事、運転士登用試験に合格すると、養成所（教習所、研修センター）に入所し、学科講習が始まります。これは鉄道会社が所有している訓練施設で、運転士養成以外（社内研修など）にも使われますが、運転士養成のシーズンには、候補生が約3～4カ月、毎日のように通い、あるいは泊まり込みます。また、中小私鉄など、養成所を所有していない事業者の訓練生は、提携先の大手鉄道会社などに受け入れてもらいます。

養成所では毎日、机に座り、授業を受けます。8科目もあり、内容も運転法規、運転理論、信号・線路など、眠たくなるものばかりですが、どこか学生に戻ったようで懐かしいものです。また、人により登用される時期が違うので、先輩や他社の候補者など、メンバーはさまざまですが、同じ目標に向かう「同期」として結束を強めます。

その後、学科試験に合格できれば、いよいよ**技能講習**です。自動車免許でいえば「仮免」の状態で、**教導運転士**と呼ばれる助役などのベテラン運転士の指導下で、本線での**実車教習**を行います。期間は約4カ月で、「運転士に必要なすべて」といっても過言ではないほど、たくさんのことを教えてもらいます。

そして終盤には、速度観測やブレーキ操作、非常措置などの各試験があります。これらに合格すれば晴れて免許取得、やっと一人前の運転士としてデビューできるのです。

入社して運転士登用試験まで約2年、さらに養成所から免許取得まで約8カ月ですから、いかに長い道のりかわかります。2010年に千葉県の「いすみ鉄道」が、「訓練費700万円の自己負担」を条件に運転士を募集しましたが、以上の課程を見れば、養成費用がそのぐらいかかるのもうなずけます。

また、この長い養成期間が、「いかに多くの知識を修得しないといけないか」を物語っています。

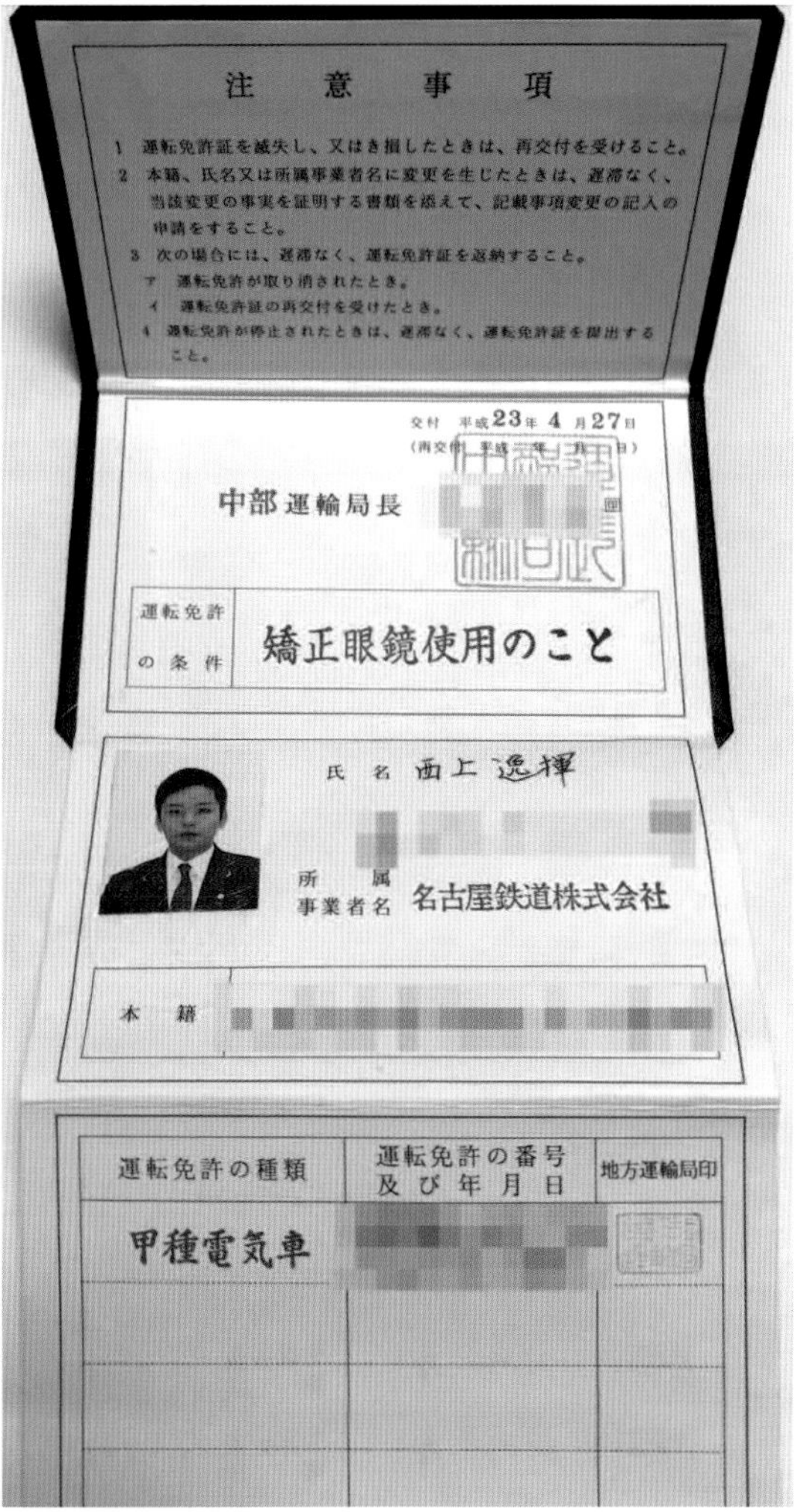

注意事項

1 運転免許証を滅失し、又はき損したときは、再交付を受けること。
2 本籍、氏名又は所属事業者名に変更を生じたときは、遅滞なく、当該変更の事実を証明する書類を添えて、記載事項変更の記入の申請をすること。
3 次の場合には、遅滞なく、運転免許証を返納すること。
ア 運転免許が取り消されたとき。
イ 運転免許証の再交付を受けたとき。
4 運転免許が停止されたときは、遅滞なく、運転免許証を提出すること。

交付 平成23年4月27日
(再交付 平成 年 月 日)

中部運輸局長

運転免許の条件	矯正眼鏡使用のこと

氏名 西上遥揮

所属事業者名 名古屋鉄道株式会社

本籍	

運転免許の種類	運転免許の番号及び年月日	地方運輸局印
甲種電気車		

動力車操縦者運転免許証

学科・技能ともクリアすれば、晴れて免許取得。共通の資格とはいえ、他社や他線区で運転するには、事前の訓練が必須です。

5 強いきずなで結ばれる「教導運転士」と「運転士見習」

教導運転士と運転士見習

前項で「教導運転士」について少し触れましたが、教導運転士と運転士見習の関係は、運転士にとって特別で、そこにはさまざまなドラマがあるものです。技術がものをいう世界ですから、いつしか教導運転士を「**師匠**」、運転士見習を「**弟子**」と呼んだりもします。4カ月もの間、乗務中・休憩中、宿泊所と、行動を共にします。車掌になるときも、このような仕組みはあるのですが、**運転士はその約4倍も長い期間**です。乗務中は狭い運転台の中で2人きり、その間、人間同士ですから「合う」「合わない」も出てくるでしょう。

弟子は最初のうち、師匠の運転を横で見て勉強します。そして、師匠の真似をして指差称呼を覚え、少しずつ慣れてくると、いよいよハンドルを握るときです。もちろん、師匠が一緒にブレーキを持って操作してくれますが、徐々に1人で行うようになり、師匠は弟子の横で力行・ブレーキのタイミングを口頭で指示するだけになります。

弟子は見習い期間中、休憩もあったものではありません。担当してきた列車の運転方法を復習し、次に担当する列車の予習に余念がありません。制限速度、指差称呼、力行・ブレーキ位置、停車位置……。弟子は手いっぱいですから、いざ乗務しても余計にうまくいかなかったりします。師匠はベテラン運転士ですから、「なんでこんなことができないんだ……」というストレスもあります。また、本当に安全を脅かす危険な行為があれば、師匠が怒ることもしばしばあります。

師匠からは、運転技術はもちろん、安全と定時運転の大切さ、運転士としての役割と責務、つまり、**鉄道の原理原則**のような「**運転学**」を伝道してもらう、とい

運転士見習

物理的にも狭いですが、それ以上にピリッとした独特の空気感の中での４カ月間の訓練は、まさに「息がつまる」空間と言えます。

っても過言ではありません。不安全な行動がどれだけ危険なことか、定時運転がいかに大切か……。ときには、勤務終了後も一緒に残って、フィードバックや復習につき合ってくれることもあります。師匠は、**ビジネスライクな関係を超えて、弟子が一人前の運転士になれるよう、親身になってサポートしてくれる特別な存在**なのです。

無事、試験に合格すると、動力車操縦者運転免許が交付されます。憧れの免許を取得し感無量……という気持ちよりも先に、4カ月もの厳しい見習い生活からやっと解放される、といった気持ちのほうが先にきます。しかし、そんな思いもつかの間、次はいよいよ単独乗務が始まります。

私が初めて乗務した日のことは、長い年月が経った今でも鮮明に思い出すことができます。途中駅まで助役が一緒にいてくれましたが、1人になってからというものの、あれだけ息苦しかった師匠と一緒の運転台ではないことで一気に心細く感じ、「次の駅まで、どうか何もなくいってくれ」と願いながらの運転でした。

なお、見習い期間が終わった後も師弟関係は続き、運転以外の悩みや報告事などを公私にわたって相談したりと、まさに「メンター」のような存在になっていきます。そんな運転士も、いずれは誰かを教える立場になります。運転の技術は、このようにして脈々と引き継がれていくのです。

6 運転士は夜勤もある 不規則な勤務なので体力勝負

勤務体系や、事業者によっても、もちろんさまざまですが、共通しているのは**不規則な勤務**であることです。電車が早朝や深夜に運行していれば、それを動かす運転士の勤務も、自ずとそれに合わせたものになります。

そのため、宿泊施設を備えているのが一般的で、だいたい「昼に出勤して、翌日午前中までに終了」という形が「泊まり勤務」の1セットです。これが1週間に2回、もう1日は「日勤」となる形が多いです。朝・夕のラッシュ帯に本数がどうしても集中するため、このような勤務体系を取らざるを得ません。

実際の乗務がは始まれば、「**乗務行路**」に沿って動くことになります。多くの線区を担当する場合は、迷路をたどるかのように担当区内を行き来するので、**次の担当列車の時刻・行先確認はとても重要**です。

折り返しが短い場合はそのままホームにいますが、時間があれば詰所で休憩します。食事をとる時間も基本的に行路内で決まっており、社員食堂に行ったりします。

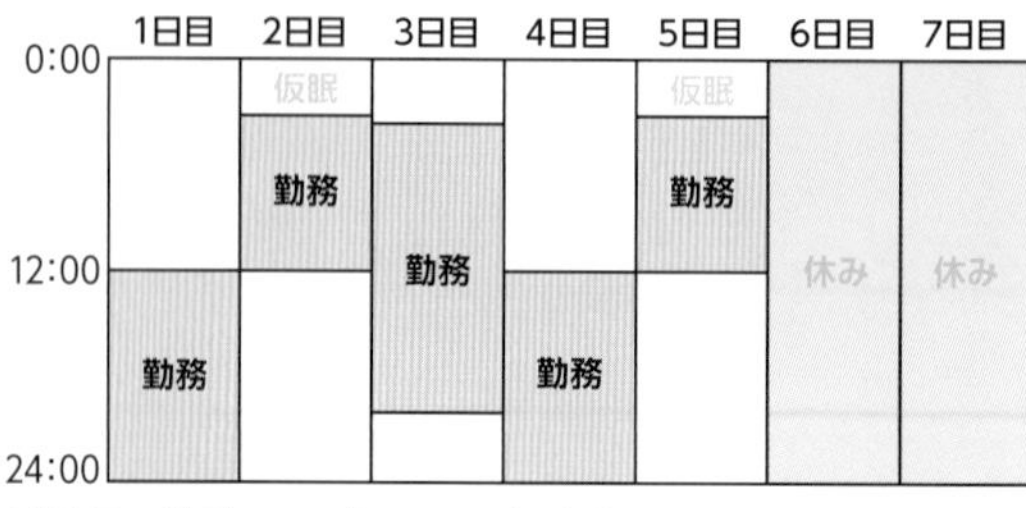

1週間の勤務スケジュール（一例）

1回の勤務時間が長い分、出勤回数は少ないので、慣れれば悪くない勤務体系です。

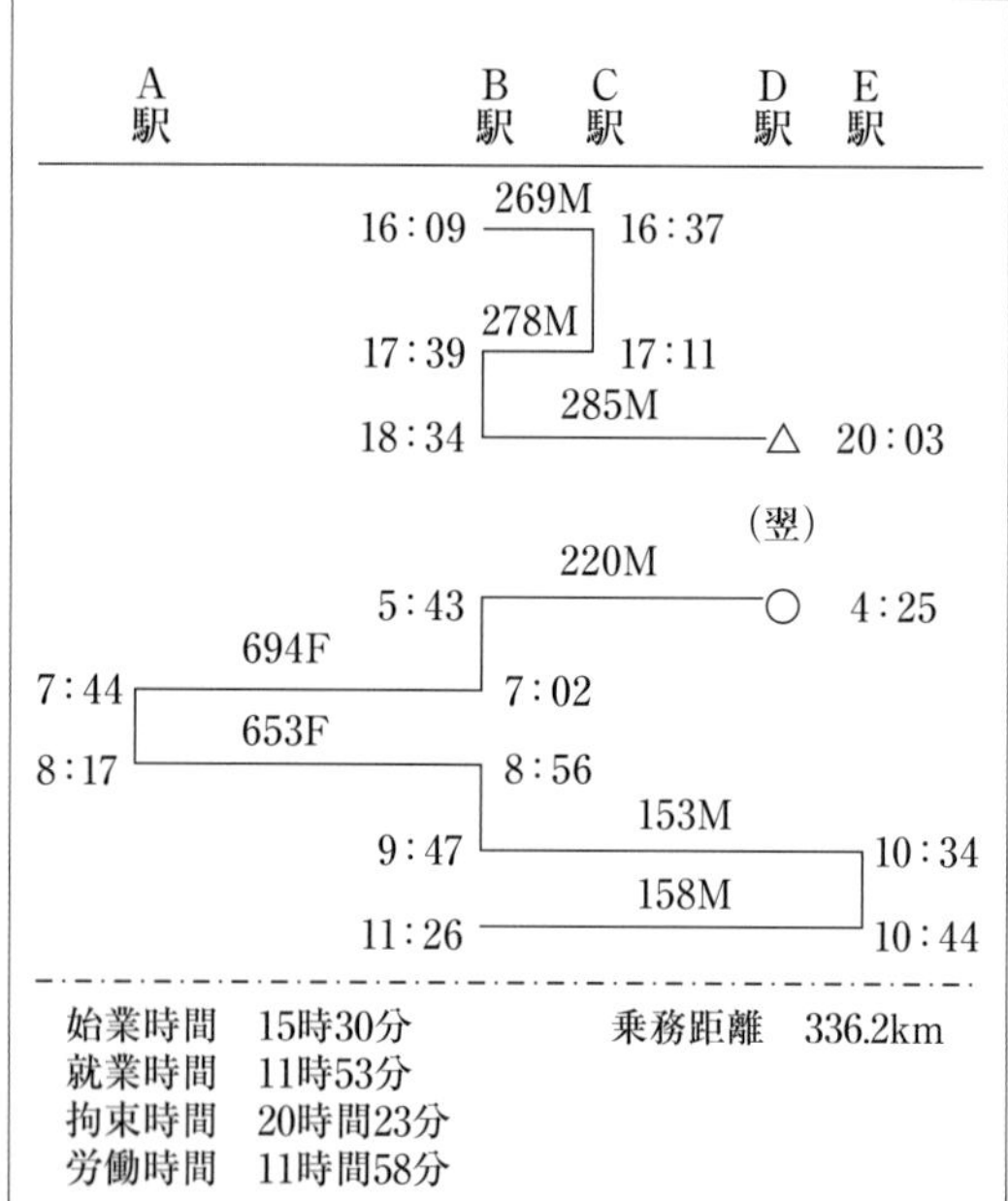

行路表のイメージ

異常事態が発生したときには別の行路へ移る可能性もあるので、日ごろから全体の行路表も携行して乗務します。

勤務が不規則なので、仮眠は４時間程度だったりと、慣れるまでは体力的に辛いこともあります。しかし、泊まり明けの日は午前中には勤務終了なので、翌日までたっぷり時間があり、その分、オフの時間が多いのもメリットです。家族や仲間と出かけるもよし、休息や自己研鑽に励むもよしで、皆が思い思いの時間を過ごします。

7 朝一番の出庫点検では電車の何を確認するのか？

1日の運用が終了した車両は、車両基地や側線などの**留置スペース**にて、次の出番まで電源を落として停泊（滞泊）します。そして翌朝、朝からの運用に向けて「車両を起こす」必要があります。これを**出庫点検**（**出区点検**）といいます。運転前に運転に関連する車両の部位の状態をチェックするものです。もちろん、事業者や車両によってもやり方は違いますが、一般的なものを紹介します。

①パンタグラフ上昇、電源スイッチ「入」

運転台のスイッチを押して、全部のパンタグラフを上昇させます。すべてがしっかり上昇しているかも目視します。また、電車の電源スイッチも投入します。

②運転室整備

ＡＴＳの電源が入っているか、各種スイッチや計器類が正しく動作しているかを見ます。また、行先設定のために列車番号を入力したりします。客室や後部運転台も点検します。

③ブレーキ試験

非常用ブレーキ↓常用ブレーキ（最大）から段階ゆるめで、ブレーキ圧力を確認します。

④ブレーキ、連結確認

車両を降りて、外側を確認します。行先や標識など、各車両の連結や台車の状態、制輪子の締めつけや漏気音がないかなどを確認します。ハンドスコッチ（車止め）を撤去します。

⑤列車無線通話テスト

指令所との通話をテストし、異常がないことを確認します。合わせて通話の訓練もします。

これらの確認は、指差称呼しながら1人で行います。誰が見ているわけでもありませんが、出庫点検は仮眠から明けた早朝に行うことが多いので、例えば、その点検車両の始発列車担当であれば、車両に向けて声を出し、体操のような気持ちでキビキビ行います。真冬だと金属製の車両は、想像を絶するほど冷たくなっていて驚きますが、早朝の澄んだ空気は格別です。**普段であれば混み合っているはずの、誰もいない駅における作業は、なかなか贅沢な気分**です。

留置線

始発前に出庫点検をする車両。運転台から車内、床下まで全体的にチェックします。車掌もドアや車掌スイッチなどを確認します。

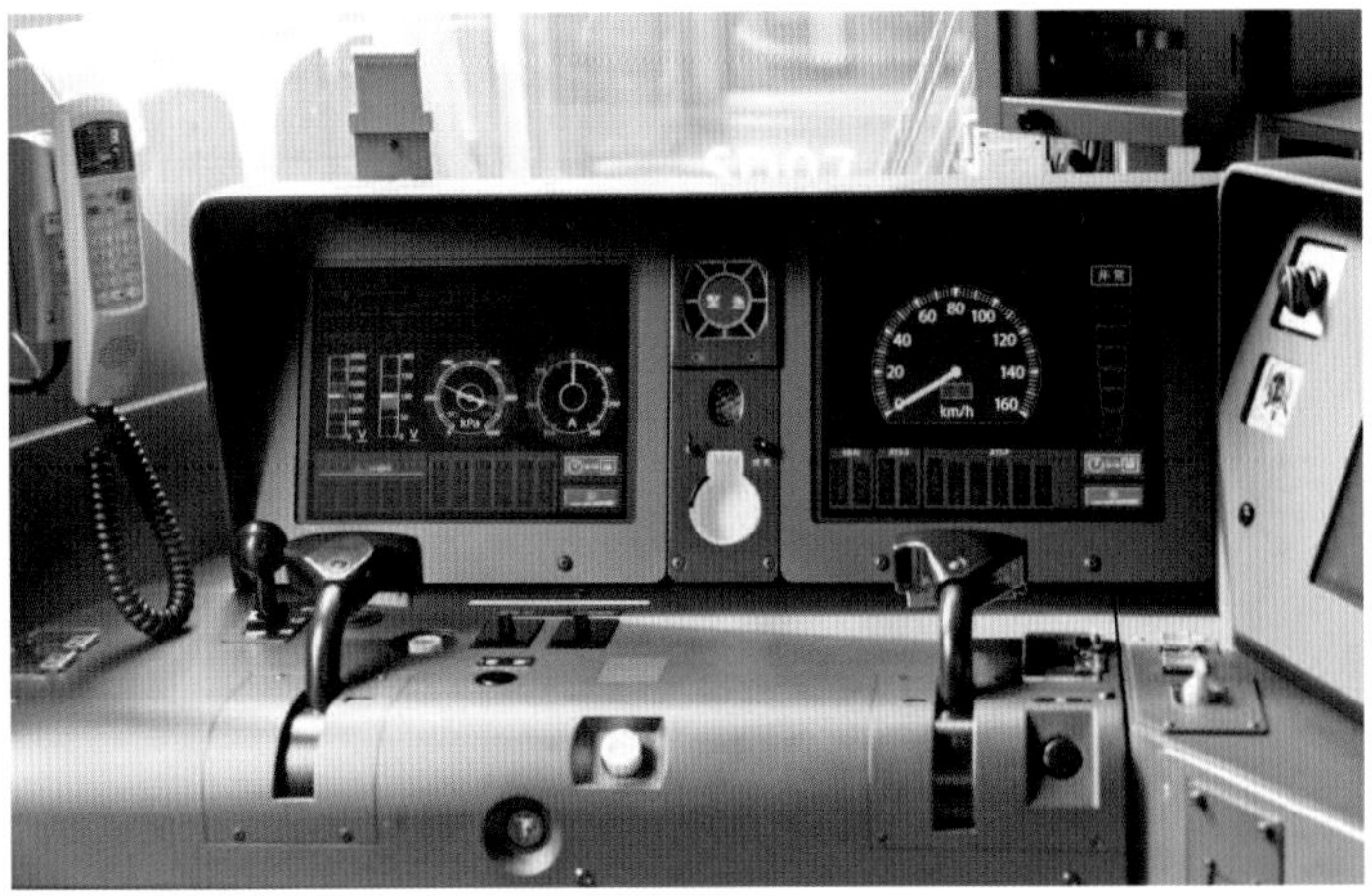

運転台

運転台の各種スイッチと計器類。ブレーキ試験は圧力計を見ながら、各ステップに所定の圧力があるかどうかを丁寧に確認します。

8 孤独で過酷な「眠気との戦い」に勝つ

「眠気との戦い」と書くと、少々緊張感がありませんが、**睡魔**というのは運転士の大敵で侮れません。現に、寝坊が原因となった「発車遅れ」や、居眠り運転による「オーバーラン」、さらには「脱線事故」までも発生しており、安全な運行を脅かす深刻な問題の一つです。なぜ、こんなに寝坊や居眠り運転が発生しやすい環境なのでしょうか？

1つ目は、**不規則な勤務体系**です。運転士を始めとする乗務員は、長時間の乗務や早朝・深夜の勤務があります。泊まり勤務も多く、十分な睡眠時間が確保できないことも多いのです。

2つ目は、地下鉄や高架区間は、**似たような景色が連続することで催眠状態になりやすい**ことです。高速道路運転中の催眠現象（ハイウェイ・ヒプノシス）と似ています。

3つ目は、自動運転などシステムの普及です。ATC（自動列車制御装置）やATO（自動列車運転装置）により、運転士が何もかも操作しなくても列車を操作できる仕組みが整ってきました。これにより、**前方注視のみを行うことが多くなり、余計に眠気を誘発しやすい環境**になっています。

特に食後や深夜帯などは、強い睡魔に襲われることがあります。そのため運転士は、自分の体調が少しでもよくなるように整えて、安全に運転できるよう日々心がけています。例えば、眠気覚ましの目薬やミント系タブレットなど、運転士は各自、対処方法を持っていたりします。

単調な景色のイメージ
地下や高架区間など単調な景色が続く区間は特に危険です。眠気や錯覚を誘発し、ミスを引き起こす原因となります。

9 運転士は大事な業務の一環として体調を管理する

運転士は運転台にて1人で乗務しているため、例えば、同僚など「他人からの指摘による体調不良の自覚」が遅くなります。その分、運転士は、注意深く自分自身の体調に注意を払っていますが、それでも気を失ったりするケースがないわけではありません。そのような万一の事態のための装置が「**EB装置**」や「**デッドマン装置**」です（**4-5**参照）。過去には、貧血や熱中症でオーバーランを発生させてしまうこともありました。

熱中症対策としては**乗務中の水分補給**を許可している事業者が多いのですが、一時は乗客にスマートフォンなどで撮影されて「乗務中にドリンクを飲んでいる」などのクレーム（言いがかり）がくるという、残念な事例も多々ありました。運転士の体調不良は安全運行を脅かすので、ある程度、寛容な態度をとってもらいたいところです。

また、花粉症の季節などに、催眠成分がある薬を飲んで乗務するとたいへん危険なので、眠くならない成分のものにする必要があります。他にも常備薬については、出勤点呼時に申告・確認を義務づけていたりもします。

睡眠時無呼吸症候群（SAS）

は、運転士にとって深刻な症状の一つです。SASは、睡眠中に呼吸が断続的に止まったり弱まったりすることがあり、これにより十分な睡眠が取れず、日中に急激な眠気に襲われることがあり、とても危険です。過去にはSASを原因とする事故も発生しています。事業者によっては、動力車操縦者運転免許の取得時に、検査を義務づけていることもあります。

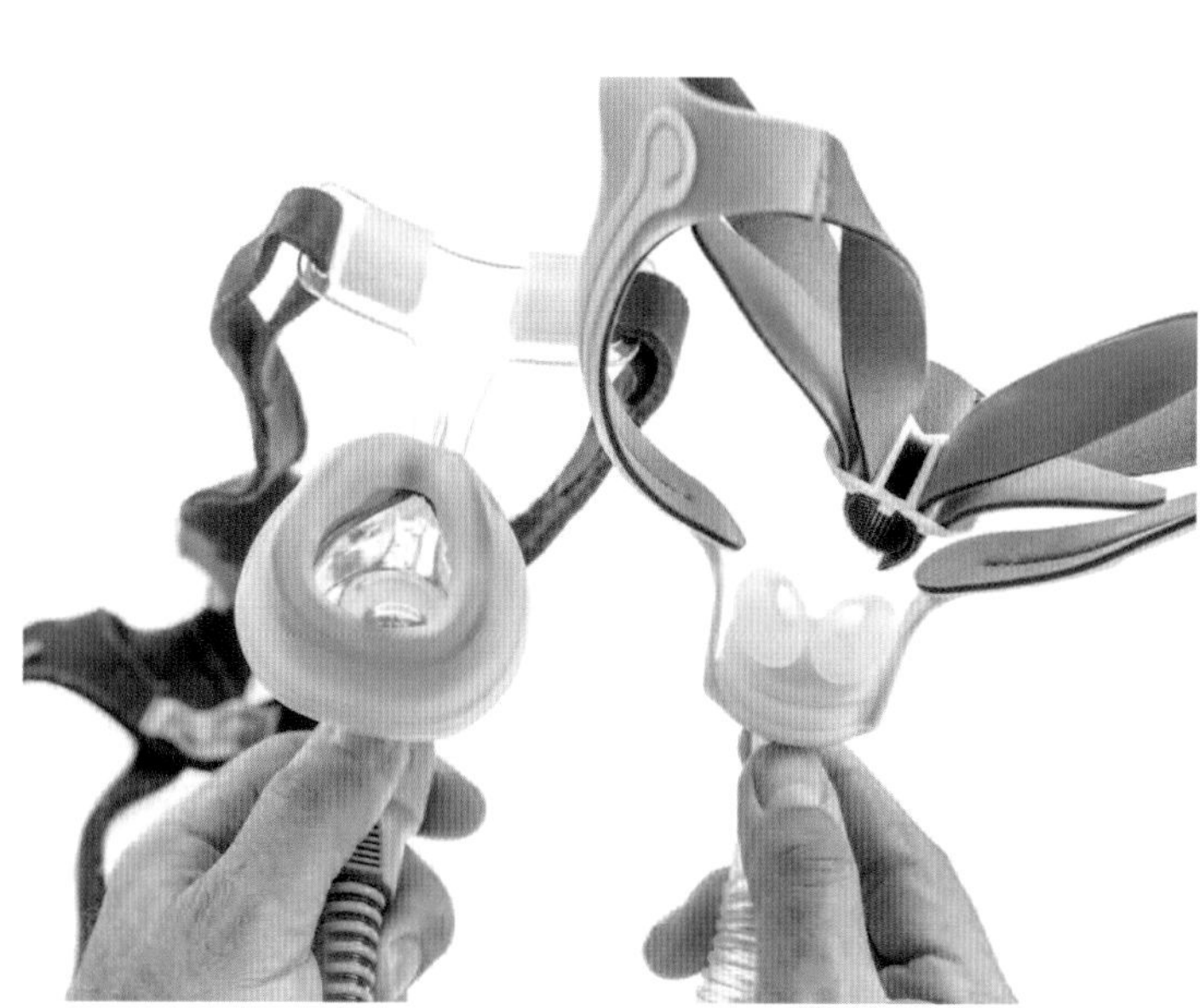

CPAP（持続陽圧呼吸装置）
睡眠時の無呼吸を防止するため、気道を広げる装置。泊まり勤務があるので、SASを患っている運転士は就寝時に装着します。

Column 02

運転士が思わず飛び起きる「悪夢」とは？

これは「運転士あるある」といってもよいかもしれませんが、私の知り合いの多くの運転士が共通して「見る」という夢があります。それは、「ブレーキが間に合わず、駅を通過してしまう夢」です。すでに引退した私も、この夢をたまに見て、冷や汗をかいて目を覚まします……。

ブレーキが間に合わなければオーバーラン、もし後退できなければ停車駅通過ということになります。その原因は、回生失効（1-16参照）や、レールの条件が悪くブレーキ力が低下したことによる過走、単純に運転士が停止と通過を誤った不注意などさまざまです。

おそらく、停車駅で危険な経験をしたことがある人ほど、このように夢に見てしまうのです。実際、ブレーキをかけても思うように効いてこないときほど焦ることはないでしょう。

「悪夢を見るのは一種のストレス症状である」との見解もあります。悩みすぎてしまっては危険ですが、**皆がそれほどの緊張感を持って、駅に停車するためのブレーキングをしているともいえます。**

鉄道は「安全・定時に運転して当然」という「100点をとって当たり前」の業務です。思い通りのブレーキングで定時に到着できれば、これほど痛快なことはありません。できることなら、こちらの夢を見たいものですね。

第3章

電車を「上手」に運転するための技術

1 「定時運転」は複雑で繊細なシステムの上でこそ成り立つ

東海道新幹線を「日本の大動脈」というように、都市に張り巡らされた鉄道路線は「血管」そのものです。その「血流」たる列車を定時運転するということは、脈拍数が一定で、健康体であるということです。

ひとたび遅延が発生すると、鉄道は不整脈のごとく「体」に異常を及ぼします。正常だったダイヤは少しずつ乱れ、運行の要所でのトラブルほど、全身に影響が拡大していきます。

運転士は、そんな血流の変化に特に敏感で、流れが常に一定になるよう心がけています。鉄道運行は早くでも遅くでもなく、秒単位で定められた時間に沿って走行するという、**非常に繊細かつ几帳面な仕組みの上にいる**のです。

人間の体にさまざまな臓器があるように、定時運転はもちろん運転士だけでは成り立ちません。車掌、駅、施設、指令、本社……日々、定刻で列車がレールの上を安全に走行できるのは、人間の体のように大きなシステムが、当然のごとく機能しているからです。

「急いては事を仕損じる」という言葉の通り、列車運行の本来の目的は「急ぐ」ことではなく、安全な運行をすることです。ただし、運転士は安全運行に「あぐら」をかいて、遅れるわけにはいきません。**ダイヤの中でいかに運転技術を発揮できるか**、それが結果的に定時運転へとつながり、利用者への最大のサービスとなり、鉄道という「体の健康」が長きにわたって持続していくのです。

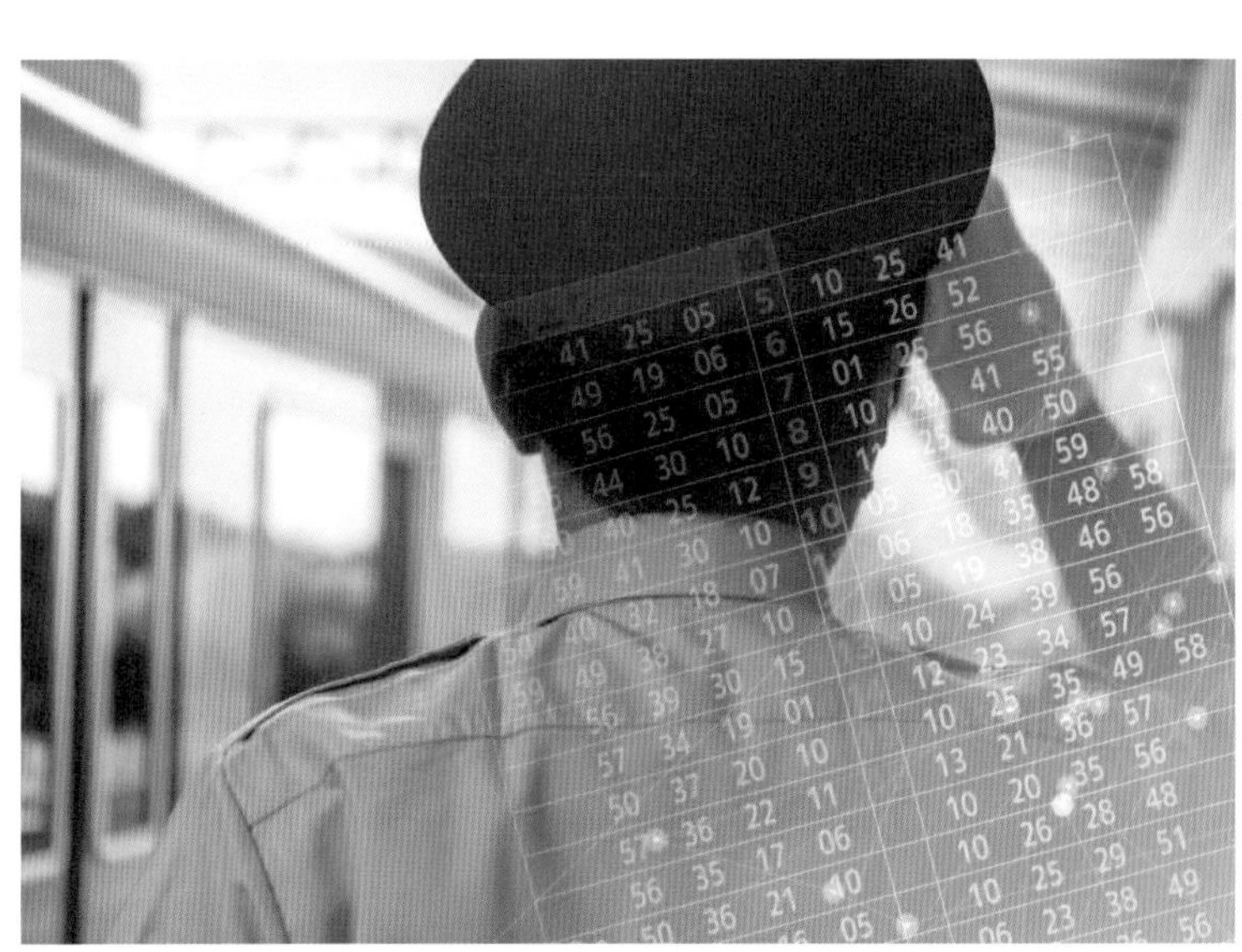

定時運行のイメージ

列車が定時運転できるのは、多くのプレーヤーにより支えられた大きな「時計じかけの仕組み」の上で回っているからなのです。

2 電車は急に止まれない!? こんなにかかるブレーキ距離

電車は急に止まれない

列車がブレーキ操作を開始してから、停車または目標の速度まで達するまでの時間を「**ブレーキ時間**」、その距離を「**ブレーキ距離**」といいます。今まで述べてきたように「電車は急に止まれない」ことがわかったかと思いますが、それでは「どのくらい止まれないのか」を実際に計算してみましょう。

「**空走距離**」「**空走時間**」は、自動車の免許を取得した人ならわかるかもしれませんが、列車にもあります。これは「操作を開始してから、実際にブレーキが作用し始めるまでの距離と時間」のことです。もちろん車両により個体差はありますが、都市鉄道だと空走時間は「2秒程度」ともいわれています。

「**実ブレーキ距離**」「**実ブレーキ時間**」は、「実際にブレーキが作用する距離と時間」です。ここで重要な要素が「**減速度**」です。これは車両に固有のブレーキ能力で、「その列車がブレーキをかけたときに、1秒間でどれだけ減速するか」を示すものです。通常の駅停車時に使うブレーキで2.5～3.0km／h／s、非常ブレーキで4.0～4.5km／h／sくらいです。そして、ブレーキの計算式は**図**のように表せます。例えば、

「非常減速度4.0km／h／s、120km／hで運転していて、前方600m先の踏切に自動車が立ち往生しているのを見つけた」

としましょう。便宜上、ここでは勾配や天候などの副次的要素はないものとします。運転士が「危ない！」と思って非常ブレーキを投入し、効き始めるまで2秒程度ですから、**空走距離**は、

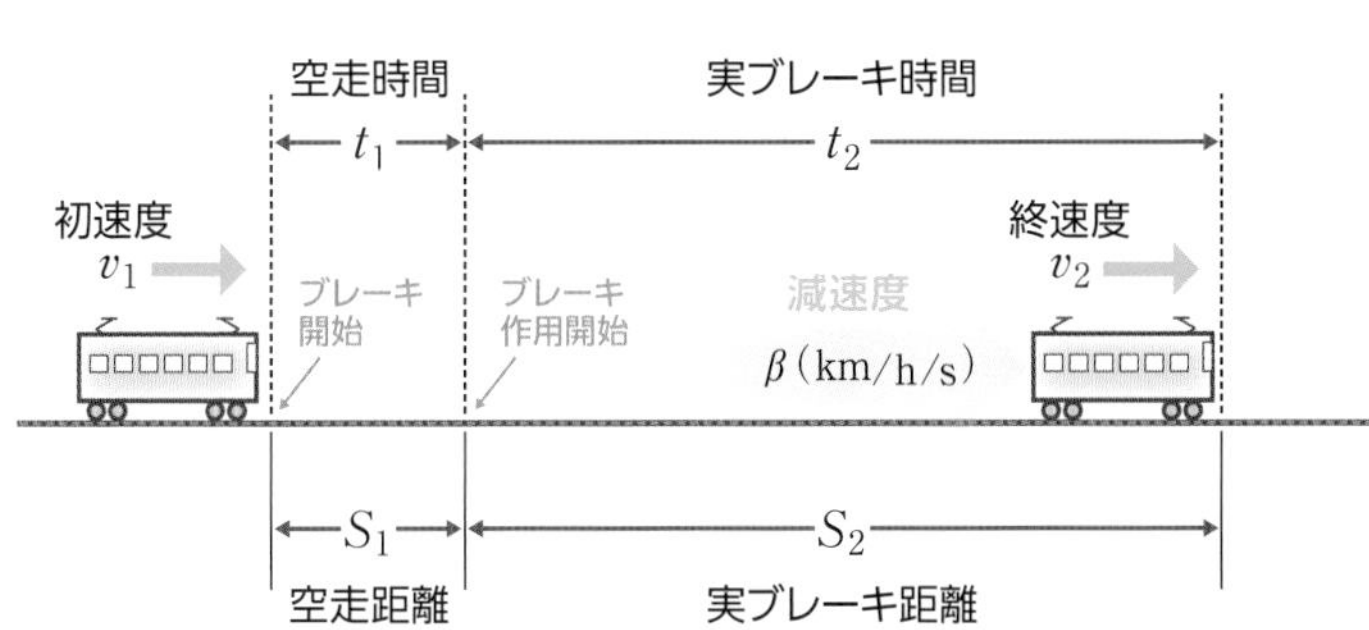

空走時間・空走距離

$$S_1 = \frac{v_1}{3.6} t_1$$

実ブレーキ時間・距離

$$S_2 = \frac{{v_1}^2 - {v_2}^2}{7.2\beta}$$

実ブレーキ距離とは

もちろん諸条件によって結果は前後しますが、事故発生時には、このような計算式で実ブレーキ時間・距離の目安を割り出します。

です。

$$\frac{120\,[\mathrm{km/h}]}{3.6}\times 2\,[\text{秒}] = \text{約}\,67\,[\mathrm{m}]$$

次は**実ブレーキ距離**です。

１２０km／hからブレーキを開始して、停車時は０km／hですから、

$$\frac{(120\times 120)-(0\times 0)}{7.2\times 4.0\,[\mathrm{km/h/s}]} = 500\,[\mathrm{m}]$$

となりました。したがって、合計のブレーキ距離は約５６７mとなり、計算上は「なんとか自動車の手前で止まれた」ことになりますが、「**いかに列車が急に止まれないか**」が、わかったかと思います。

もちろん、この計算は、あくまで理論上でしかなく、電圧、天候、乗車人員などのさまざまな外的要因や、**3-9**で述べるように、同じ車種でも違いがあったりします。しかし、事故発生時などに、大まかな実ブレーキ距離の目安を知るには最適な計算です。

ちなみに、鉄道に関する技術上の基準を定める省令の解釈基準では「新幹線以外の鉄道における非常制動による列車の制動距離は、６００m 以下を標準とする」とされており、**非常制動距離の一つの基準**ともなっています。

3 「運転曲線」は理想的な運転モデル

「**運転曲線**」は、列車の性能や列車抵抗を計算したグラフのことで、「**ランカーブ**」とも呼びます。現在は多くの鉄道事業者が、コンピュータのシステムで作図しており、それが主流となっています。しかし、中には「手書き」で作図している事業者もあり、**曲線定規**などを使って作図にあたります。

距離基準の運転曲線

基本的な形で、横軸（X軸）には距離・勾配・曲線半径を取り、必要に応じて制限のある信号なども記入します。縦軸（Y軸）には速度・時間を取り、必要に応じて電気量を記入します。グラフ内には、**速度曲線**、**時間曲線**が、図示されています。

制限速度や線路形状が、速度にどのように影響するかなどを、机上で視覚的に捉えることができます。ダイヤ作成時や列車の操作方法、事故発生時の検証など、さまざまな運転の検討場面でも、広く役立てられています。

速度曲線を見ると、もともと駅停車時は距離・速度ともにゼロになっています（***a*** **点**）。A駅を発車し、力行すれば右肩上がりになり、70km／hに到達する時点でノッチオフし、惰行運転に移るのが400mちょうどの地点です（**b点**）。ここからは力行せず、加速はありません。列車は、線路が平坦であったとしても、ある程度の走行抵抗がかかる分、ブレーキをかけずとも速度は若干落ちていきます。そのためグラフは、やや右下がりになっていくのがわかります。そして、駅到着のための停車ブレーキをかけ始めますが、その地点が、だいたい「750m地点あたり」ということが、折れているグラフからわかります（**c点**）。その後、急降下して縦軸がゼロに向かっていきます。グラフが横軸と交わったとき、列車がA駅から930mほどの地点のB駅に到着している、ということになります（**d点**）。

また、時間曲線についても、各点から見れば力行42秒、惰行23秒、ブレーキ20秒となり、運転時間の合計が1分25秒（85秒）となることもわかります（**e点**）。

ただし、これはあくまで理論上の形です。実際は運転士の運転技術によってかなりの差が出ますし、同じ車種でもモーターや制輪子の劣化、電圧などにより、運転曲線に沿ってすべて同じように運転できるわけではありません。そこで、この計算された時間に加えて、ある程度の遅れを見込んだ**余裕時分**を持たせて運転時間が決められていきます。

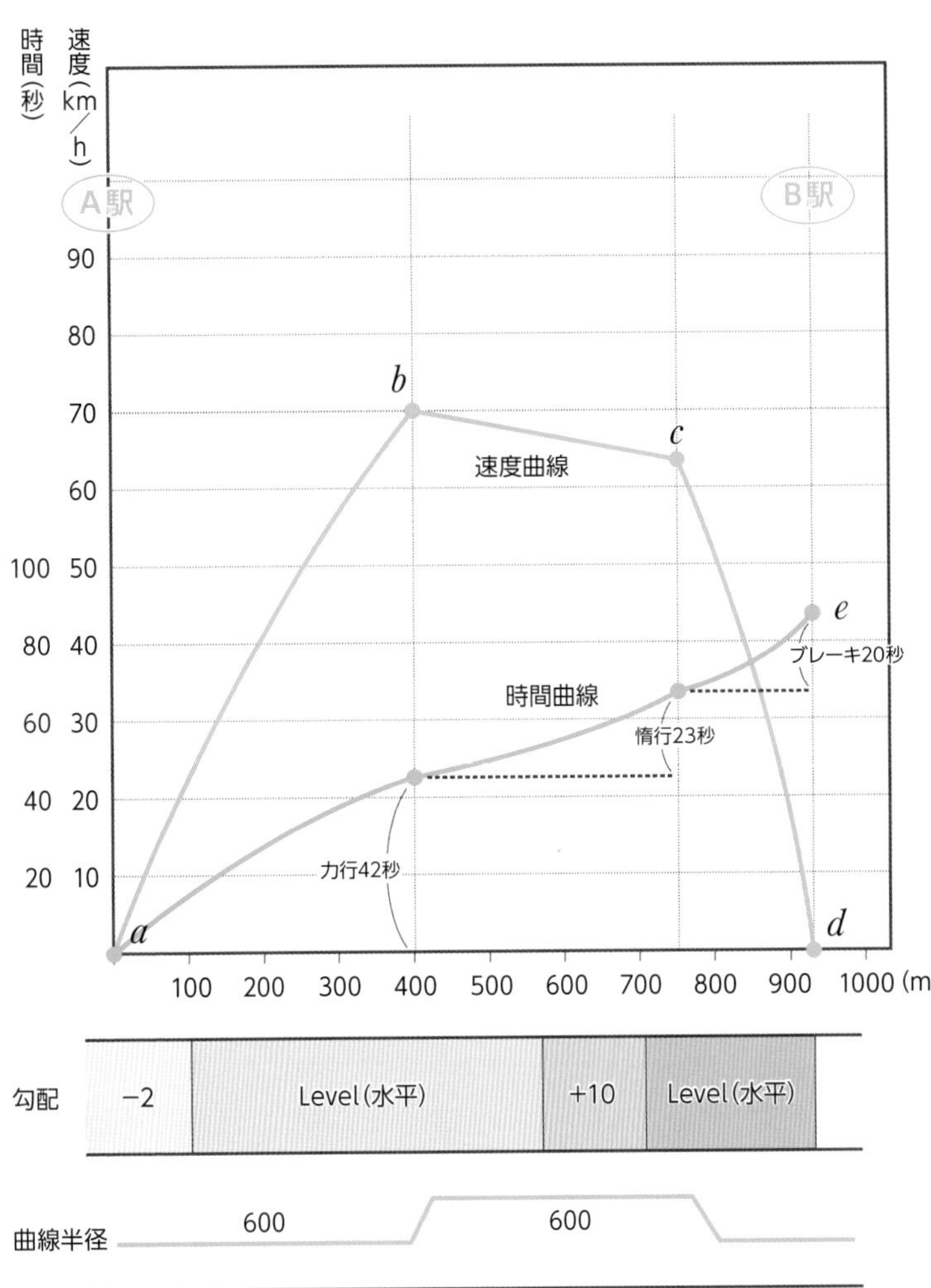

運転曲線とは

この曲線の運転を基本線として、天候や車種性能に合わせて運転時間が決められていきます。

4 起動・加速時の「乗り心地」をよくする運転技術

電車を動かすだけであれば、ブレーキをゆるめてマスコンを操作すれば可能です。しかし、運転士には「**上手に運転する**」ということも求められます。その一つが「**乗り心地**」ですが、そこには技術力が生かされています。そのテクニックを見ていきましょう。

起動時のノッチの扱い

マスコンノッチを取り扱う運転士は、気を遣っています。特に抵抗制御（モーターに流れ込む電流値を抵抗で制御する）車においては、いきなり「5N」に投入すると、モーターの電流値が一気に上がってしまいます。最初は「1N」に投入すれば、衝撃なく滑らかな運転が可能です。また、起動時は通常、「ブレーキゆるめ」→「ノッチ投入」ですが、ツーハンドル車であれば、ブレーキ圧力がなくなる前に、**先に1Nに投入する**ことで、急な引張力を抑え、スムーズに加速を開始できます。

上り勾配で停車中には、この方法が特に有効です。起動するとき、加速前にブレーキ圧力がゼロになると、一瞬、逆方向に下がる感覚があるので、ノーブレーキ状態を防ぎます。ただ、ワンハンドル車はブレーキとノッチ投入を同時にできないので、**「勾配起動スイッチ」**が備えられていることがあります。これを投入すれば、力行時まで少しブレーキ圧力が残り、同じ効果が得られます。

ノッチオフ時の留意点

起動時と同じく、加速中にいきなりノッチオフを行うと、「ガタン」と衝撃が出てしまうことがあります。例えば、40km/hまで加速する必要がある場合、**図**のように2Nでも

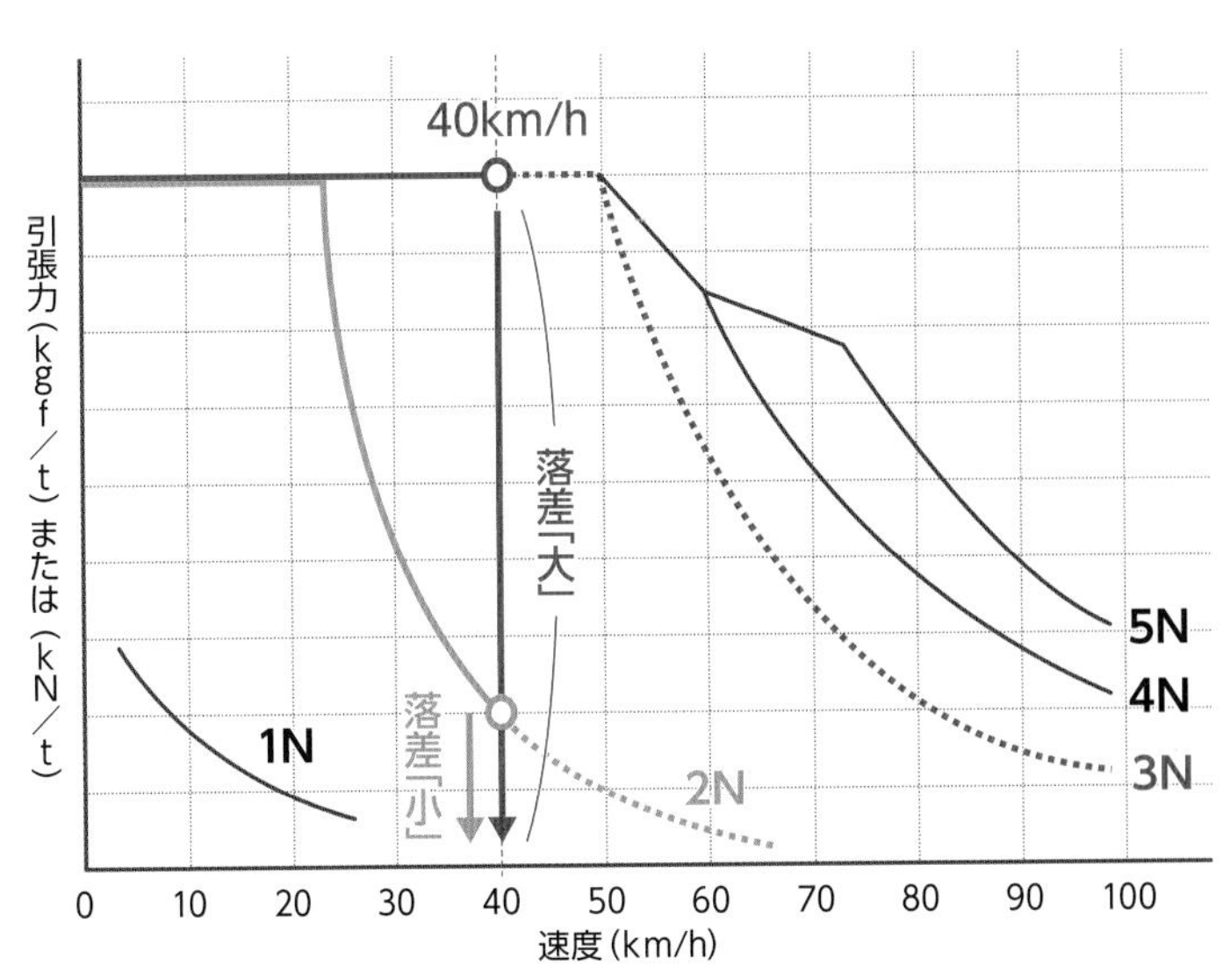

2Nでのノッチオフと3Nでのノッチオフの違いのイメージ
必要な速度と運転時分（所要時間）に応じて、適正なノッチ投入が求められます。グラフより、0〜40km/hであれば、2Nでも十分足りるともいえます。

40km／hまで引っ張れます。一方、3Nは50km／hまで加速力が一定なので、40km／h時点で3Nからノッチオフした場合、**50km／hまで行くつもりだった大きな引張力が働いていたのに、急にガクンとゼロ**になってしまいます。この落差が衝撃の理由です。

これを防ぎたい場合、例えば、運転時分（所要時間）に余裕があるなら、2Nの加速力でも、引っ張って40km／hまで持っていけば、ノッチオフ時の衝撃が和らぎます。

ノッチ戻し

3N以上を投入する中速域では、**ノッチ戻し**も効果的です。古い車両では一旦5Nに入れると、3Nにしたい場合は、一度ノッチオフして最初から進段する必要があり、ノッチ戻しが効かないものもあります。ノッチ戻しができるものであれば、例えば65km／hまで出したい場合、5Nで加速し、65km／h少し手前で4N↓3Nと戻し、その後、ノッチオフにすることで、**段階的に引張力をゆるめて**衝撃を和らげます。一定速度までは5Nで持ってきて、上り勾配などで3Nで速度をキープし、「**ノコギリ運転**」を避ける場合などにも、ノッチ戻しを使います。

抵抗制御とVVVFでは、電流値の大きさや変化が大きく異なることや、かつて運転士がテクニックによってカバーしてきた部分を、VVVFでは制御装置で自動化していることが多くあります。両方が共存している現在、運転台で技術の違いを見比べるのもおもしろいでしょう。

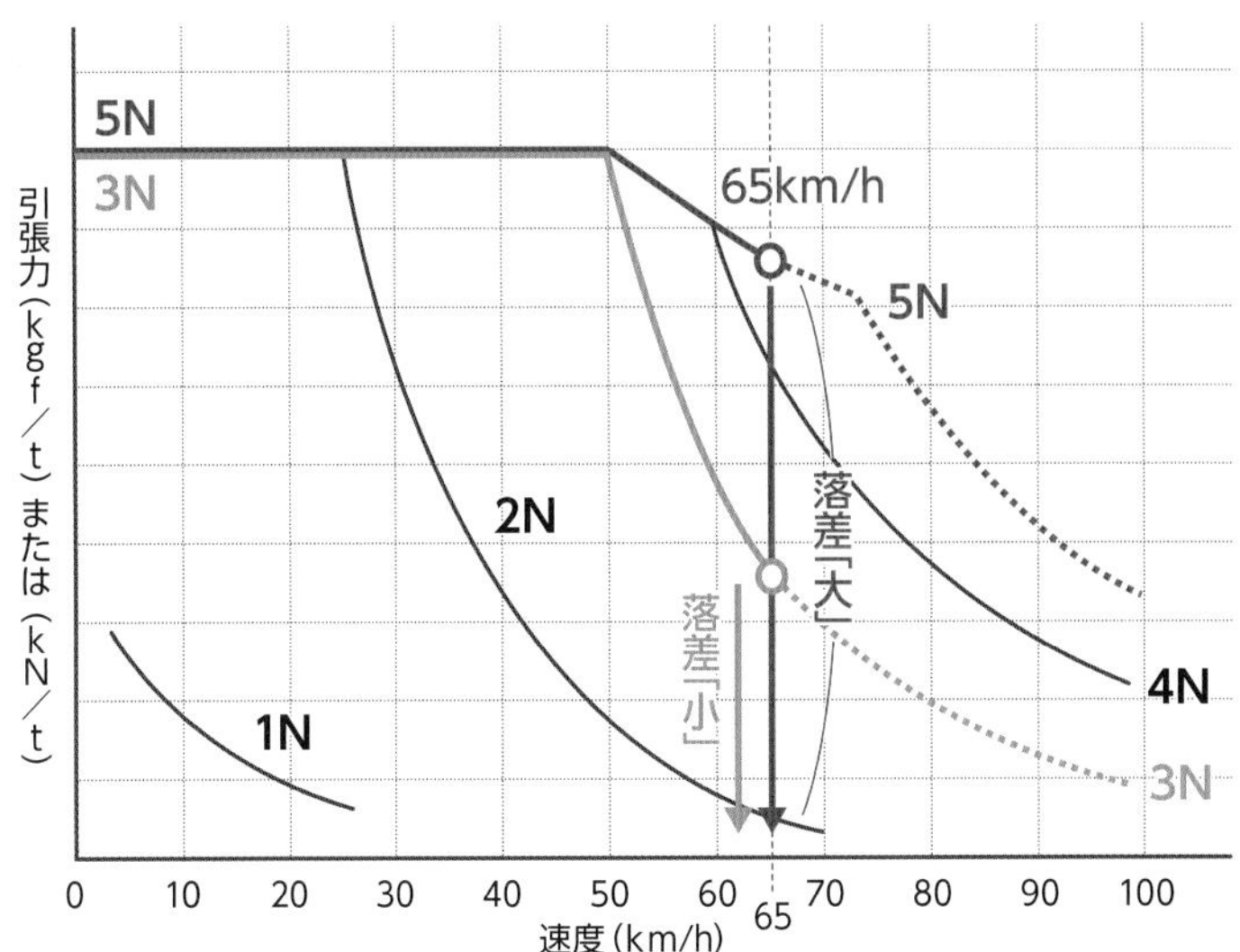

5Nから2N、3Nから2Nへと「ノッチ戻し」するときのイメージ
意図的に段数を下げてショックを和らげる方法です。確かに5Nは強い引張力でトップスピードまで持っていきますが、その分、大きな落差もあります。

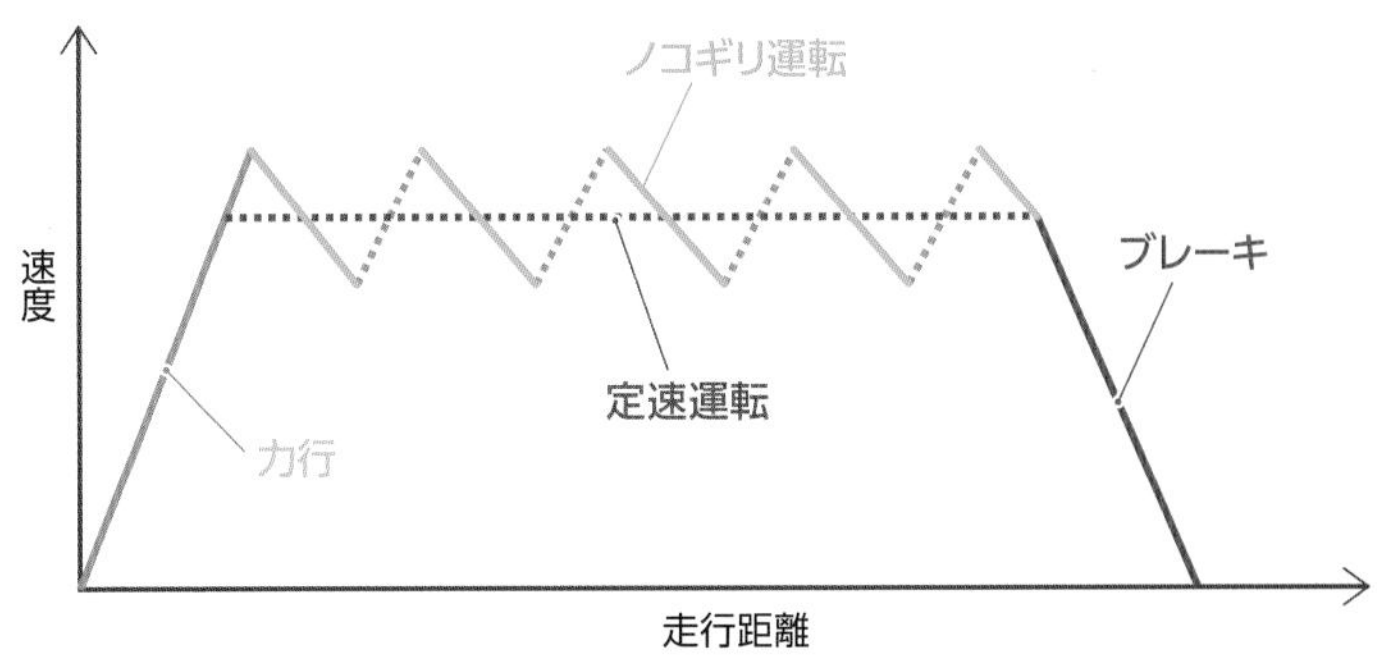

定速運転とノコギリ運転の違いのイメージ
「ノコギリの刃」のようなノッチ操作になっており、グラフで見ても、明らかに乗り心地が悪そうなのがわかります。なお、定速運転できる「定速モード」が使える車両もあります。

5 乗り心地を最も左右するブレーキングテクニックの極意

前項では、上手な運転の要件として「乗り心地」をあげましたが、ブレーキ操作は最も乗り心地に影響するでしょう。**第1章**では、さまざまな停車ブレーキの段階を紹介しましたが、それらのような「基本形」に収まるものばかりではありません。まずは、「避けたい」ブレーキングを見ていきます。

「舟漕ぎブレーキ」をしない

自分が思っていた感覚とズレがあった場合などには、「ブレーキゆるめ・込め……」と、何度もブレーキを繰り返してしまい、「舟を漕いでいる」ような状況になってしまいます。例えば、ホーム始端を「B5」で入り、少し入ったところで「足りない！」と感じ、「B6」を入れたとします。しかし、途中で意外とブレーキが効いてきて「B2」まで抜き、ゆるめ・込めを繰り返し、最後はまた足りないから「B5」……。**乗っている人は、まさにユラユラとして乗り心地が悪く、停車時間も非効率**です。安易にゆるめ・込めするなら、初めから我慢して「B5をキープ」したほうがよいでしょう。

「急激なゆるめ・込め」をしない

これは自動車や自転車にもいえますが、急ブレーキというのは乗り心地が悪いものです。

性能がよい車両では、1段制動もさしてショックはありませんが、そうでなければ、「N↓B6」のようにブレーキを急激に立ち上げたり、反対に「B6↓B1」とゆるめたりすると乗り心地が悪くなります。

ブレーキ投入が明らかに早く、ゆるめるタイミングも逸してしまうことで、ブレーキ力が余ってしまい、ずるずるゆっくり停車位置手前まできて、最後に合わせるようにグッとB5で大きく込めて抜く――このような**低速での大きなブレーキは、ひどい**

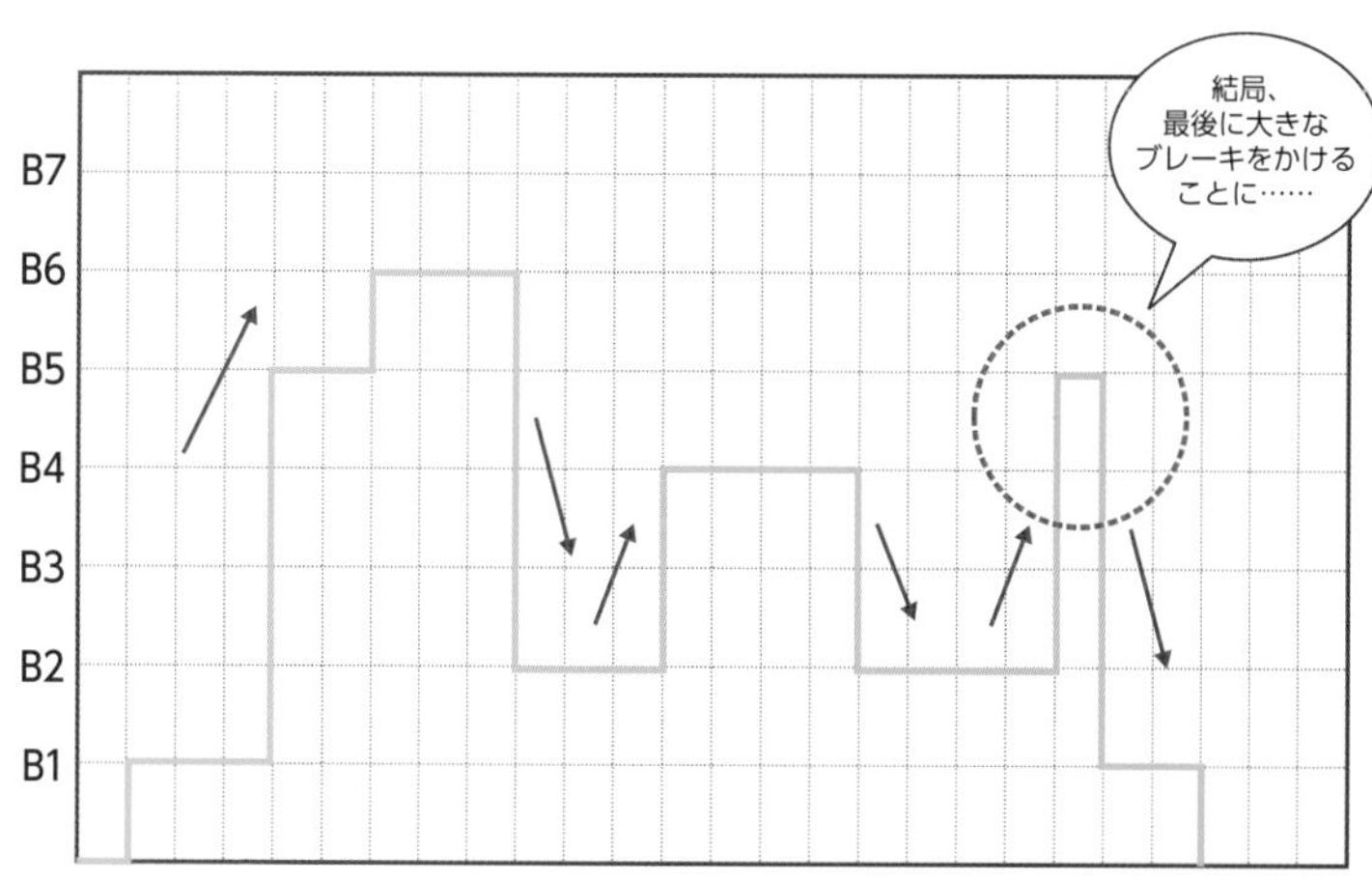

舟漕ぎブレーキ
ノコギリ運転のように、こちらも不安定な動きで乗り心地の悪さを招くブレーキングになっています。

場合、乗客が転倒してしまうこともあるので避けるべきです。

「自身のブレーキ減速感」を持つ

勾配や曲線ホームなど、駅の特性は多少違えど、運転士には「各自で持っている減速度」があり、どの駅でもそれに当てはめます。高い速度でホームへ入ることを「突っ込む」といったりしますが、例えば「これだけ高速で進入して止まれるのか？」と思っても、上手にゆるめて停車する人もいます。逆に、自分よりも低い減速度で入る運転士を見ると、「もっと突っ込めるんじゃないか？」と思えたりしますが、恐らく持っている減速感が違うのでしょう。「できるだけ安全にゆるやかに止まる」というのも一つの考え方です。無茶をするほうが、かえって危険です。

一発で決めるのが理想ですが、もしブレーキの時機を誤ったとしても、その後もなるべくゆるやかにブレーキングし、**追加の操作はいさぎよく最小限にとどめたい**ところです。

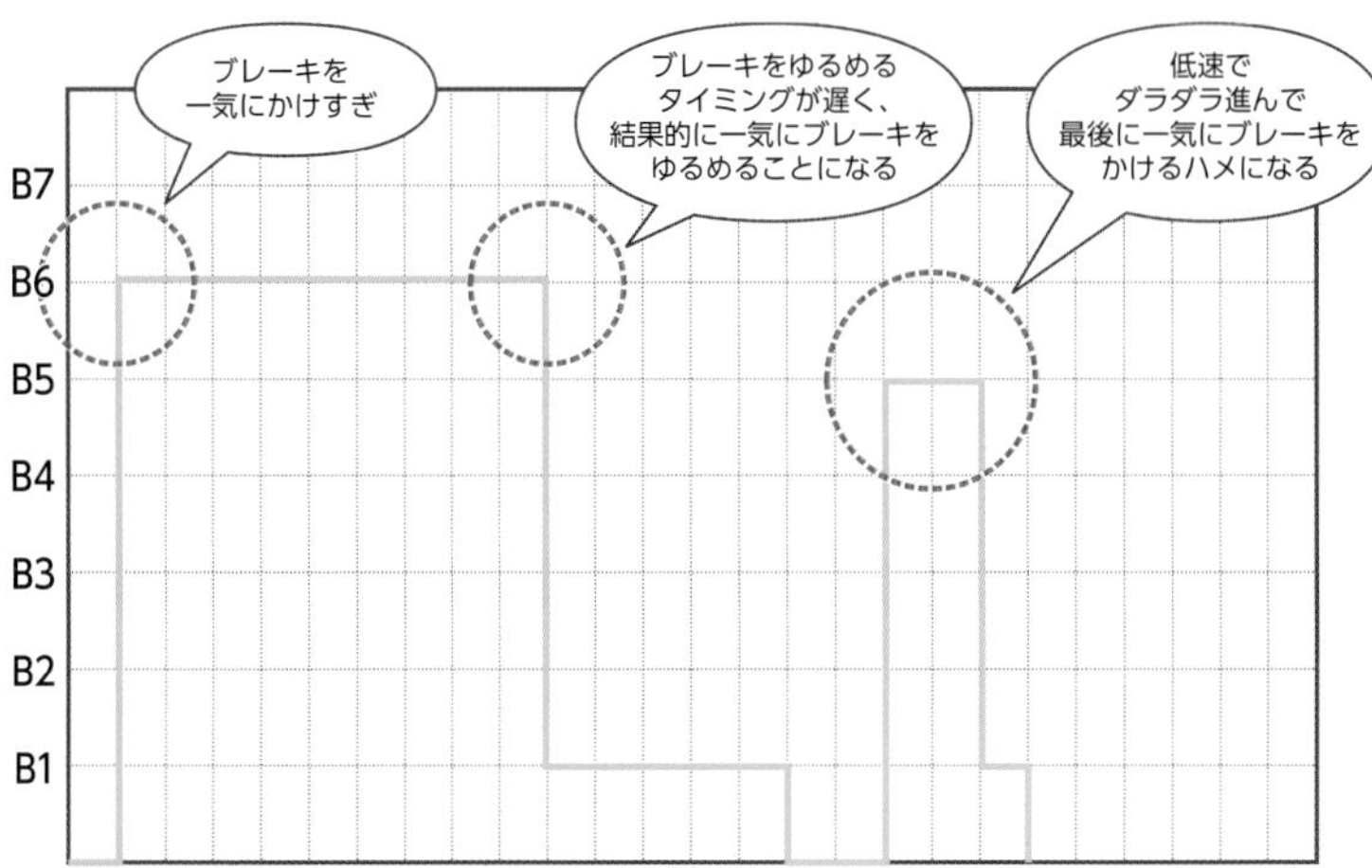

急激な制動とその後のゆるめ・込め

特に最後の停車前で「狙い撃ち」するようにブレーキをかけた形です。低速域での急ブレーキは大きなショックになり危険です。

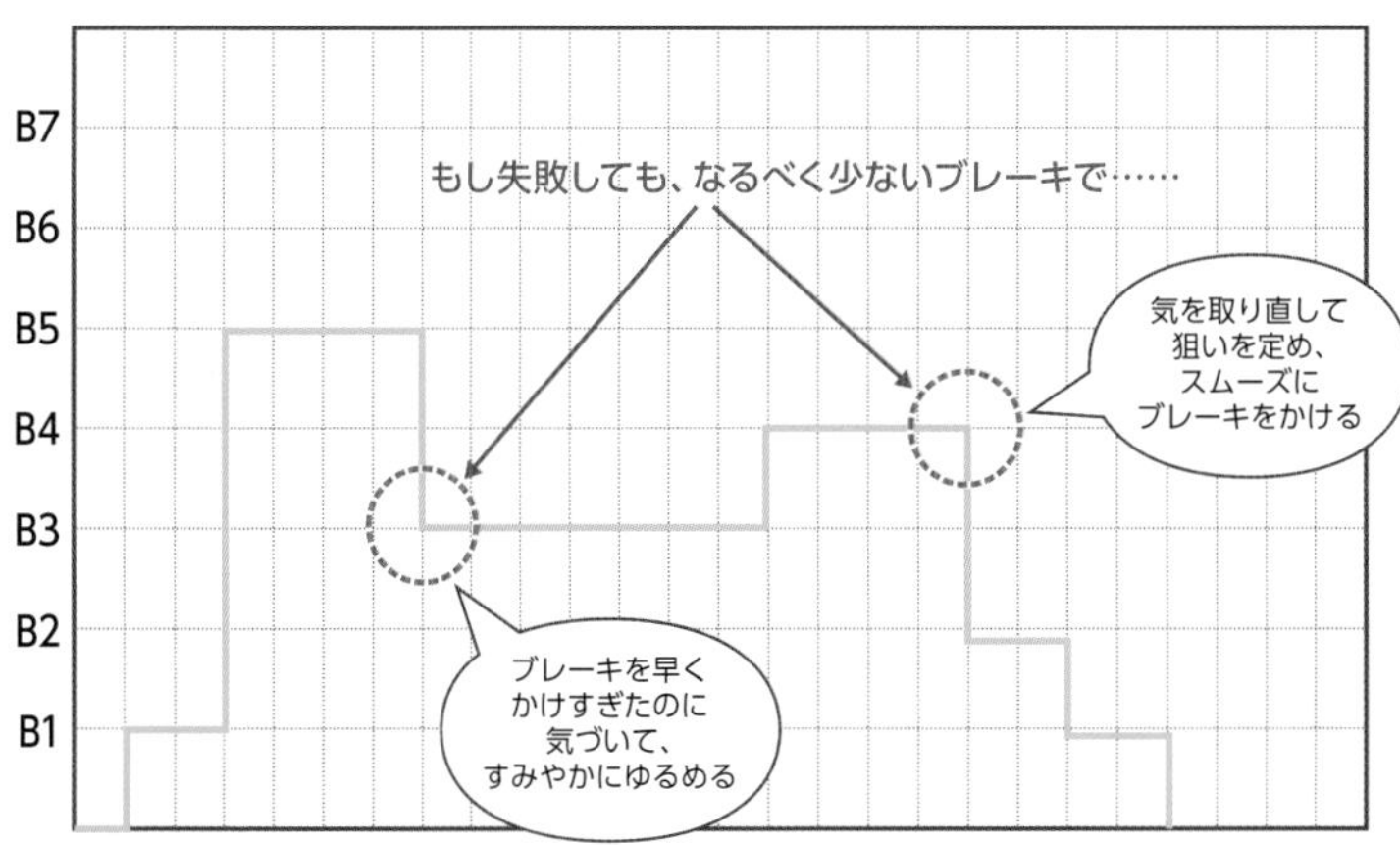

ブレーキングに失敗したとしても……

1回でうまくいかないことも、往々にしてあります。割り切って、次のブレーキが上手くいくように整えていきます。

6 運転士はどうやって遅延を回復しているのか？

遅延発生時、正常ダイヤに戻すための運転方法を「**回復運転**」といいます。列車の運転は「力行」「惰行」「ブレーキ」の３つから成り立っていますが、主に「力行」「ブレーキ」に、**運転時分**（**所要時間**）**を短縮するチャンス**があります。

力行による回復運転

定時運転であれば、「駅発車後に78km／hまで力行し、惰行運転をして70km／hから停車ブレーキをかける」という運転をしていたとします。このとき、区間の制限速度が85km／hであればそこまで速度アップし、ギリギリまで速度をキープすることで、運転時分（所要時間）の短縮が図れます。

また、もしノッチ操作（力行）による回復運転をするのであれば、意外にも低速域で行うのがベターです。なぜなら**高速域では、あまり差がつかないから**です。例えば、普段１０５km／hのところを１１０km／hで２km走行しても、約３秒しか回復できませんが、普段65km／hのところを70km／hで２km走行すると、約８秒回復できます。もちろん、駅間距離が長くなればなるほど、その差は大きくなります。制限速度いっぱいまで、いかに効率よく運転できるかも大切です。定速運転で速度を保ち、無駄な減速をなくすことが時間回復につながるケースもあります。

ブレーキによる回復運転

力行による回復運転も大事ですが、大きな差を生むのが**ブレーキ操作**です。力行時は「どれだけ時間の余裕をストックできるか」という運転でしたが、ブレーキ時は「いかにマイナスを出さないか」が勝負になります。

例えば、通常は「惰行で90km/hの走行をしており、駅手前から450mの**C地点**を基準に、停車ブレーキをかけた」とします。停車ブレーキの減速度が2.5km/h/sと仮定すると、空走距離を考えなければ、ちょうど停車できるよい位置です（135ページの**図**参照）。

ところが遅延のために、いつもより速い最高速度いっぱいの110km/hで、停車ブレーキ直前まで運転していたとします。高速運転なので、通常よりも早めにブレーキをかけないといけないことがわかります。しかし、いつもブレーキをかけない場所なので、かなり余裕を持って840m前の**A地点**からブレーキを開始しました。その結果、ダラダラとブレーキをゆるやかに持ったり、ブレーキゆるめ・込めを繰り返したりすることとなり、減速度の平均は2.0km/h/sになりました。

減速度2.5km/h/sのブレーキであれば、A地点から停車駅までの時間は**49.5秒**ですが、減速度2.0km／h／sだと、A地点から停車駅までの時間は**55秒**で、5.5秒も無駄にしてしまいます。通常の90km／hからC地点でブレーキをかけていたときと比較しても、3.4秒ほどロスしていることがわかります。

ちなみに、110km／hからの正しいブレーキ位置は、672m手前の**B地点**です。ここから2.5km／h／sの減速度でブレーキをかければ、停車できる計算です。

このように、せっかく高速運転でノッチ操作してきても、ブレーキでマイナスを出してしまえば、元も子もありません。回復運転のブレーキ位置は、しっかり見極める必要があります。

もちろん、減速度をさらに上げて1段階ブレーキステップを多く持ち、**より進んでから一気にブレーキすれば、さらなる時間短縮**につながります。これは、停車ブレーキだけではなく速度制限箇所にも同じ考えがあてはめられます。

何より「安全」を最優先に

ともあれ、各運転区間では、ある程度の**余裕時分**（遅れなどを想定した所要時間）が決まっており、最高速度・制限速度がある以上、戻せる時間の限界は決まっています。また、無謀な運転は速度オーバーや停止位置過走、最悪の場合は事故につながります。運転士自身が知識・技術不足であれば、「無茶をしない」ことも安全を守るためには大切です。乗務後は、同僚と情報交換し、運転曲線を見返して、正しい運転方法を会得して次につなげます。

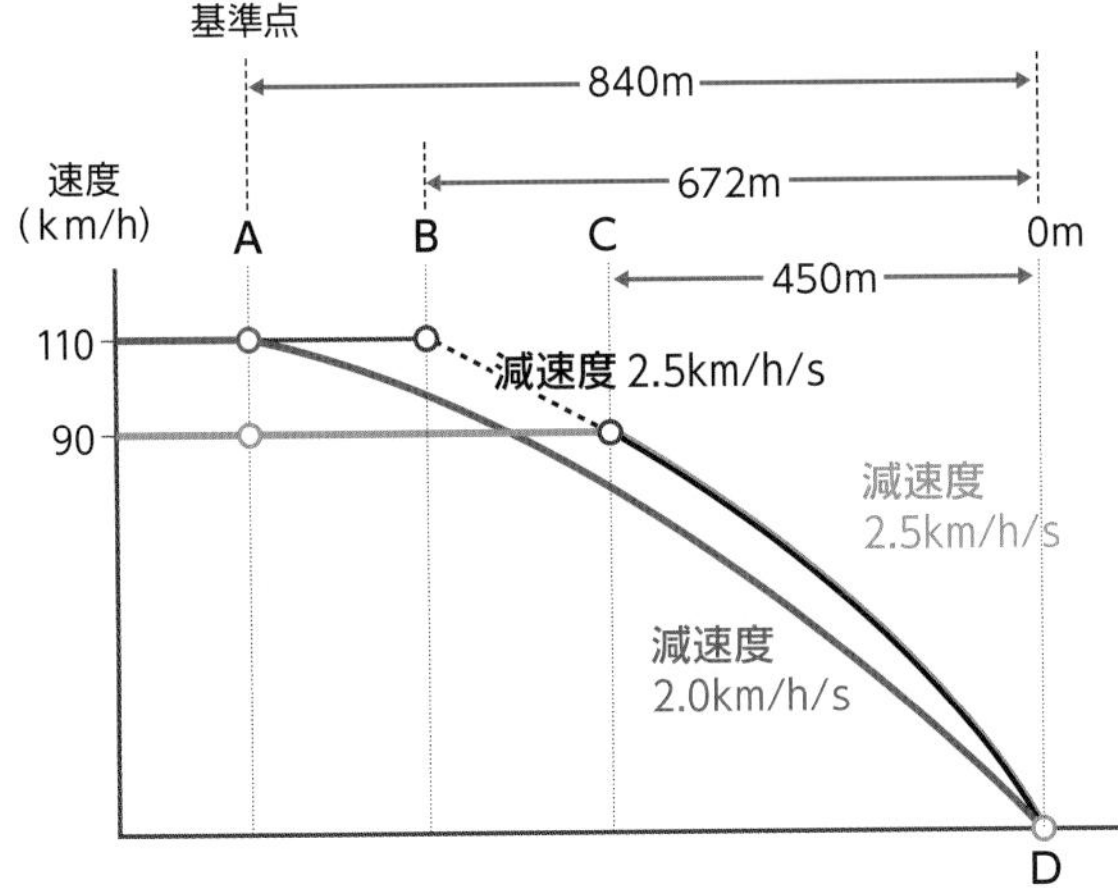

A−D：840m
B−D：672m
C−D：450m
A−B：168m
B−C：222m
A−C：390m

S：実ブレーキ距離　β：減速度
v_1：ブレーキ初速度　t：ブレーキ時間 (s)
v_2：ブレーキ終速度

$$S = \frac{{v_1}^2 - {v_2}^2}{7.2\beta}$$

$$t = \frac{v_1 - v_2}{\beta}$$

黒線〈B−D〉 $t = \frac{110-0}{2.5} =$ 44秒
〈A−B〉 $t = 5.49 ≒$ 5.5秒
〈A−D〉 $44 + 5.5 ≒$ **49.5秒**

赤線〈A−D〉 $t = \frac{110-0}{2.0} =$ **55秒**

青線〈C−D〉 $t = \frac{90-0}{2.5} =$ 36秒
〈A−C〉 $t =$ 15.6秒
〈A−D〉 $36 + 15.6 =$ **51.6秒**

ブレーキ操作による時間ロス

「たかがブレーキ操作」と侮ると、各駅での数秒延着が積み重なり、大きな遅れとなってきます。上手なブレーキ操作は遅延回復のチャンスです。

7 省エネで電車をエコに走らせる「経済運転」の考え方

鉄道はもともと**エコロジーな乗り物**です。例えば、1人の運送にかかる二酸化炭素排出量は、自動車での移動と比べた場合、8分の1程度です。他にもブレーキ時の回生ブレーキなど、省エネルギーな運行もなされています。あわせて、エコノミーな運転も必要で、無駄な力行を減らした電力消費量の減少、機器の消耗を抑える運転などが挙げられます。

いわゆる「**経済運転**」は、古くは蒸気機関車のころから始まっていました。石炭や水を動力源としていたので、「どれだけ効率よく運転できたか」が石炭の量で判別でき、機関士の技術力が目に見えたのです。現在の電車は電力消費量なので、形としては見えづらいですが、「電力の消費をどれだけ節約できるか」も運転士の技量の一つです。

経済運転の基本は、「**減速度を大きくして、ブレーキ時間を最小に抑えること**」です。自動車を運転する人であれば、前方の信号機が赤なら、無駄にアクセルを踏まないことを想像できるでしょう。電車も力行する時間を短縮することで電力消費を少なくすれば、その結果、ブレーキ時の初速も低下するので、制輪子のすりへりも抑えられます。

むやみな回復運転も力行とブレーキの繰り返しになるので、電力を無駄使いしがちです。また、早着もよくありません。その分**無駄な力行をしている証拠**で、遅くもなく早くもなく、時間通りに到着する運転が理想です。

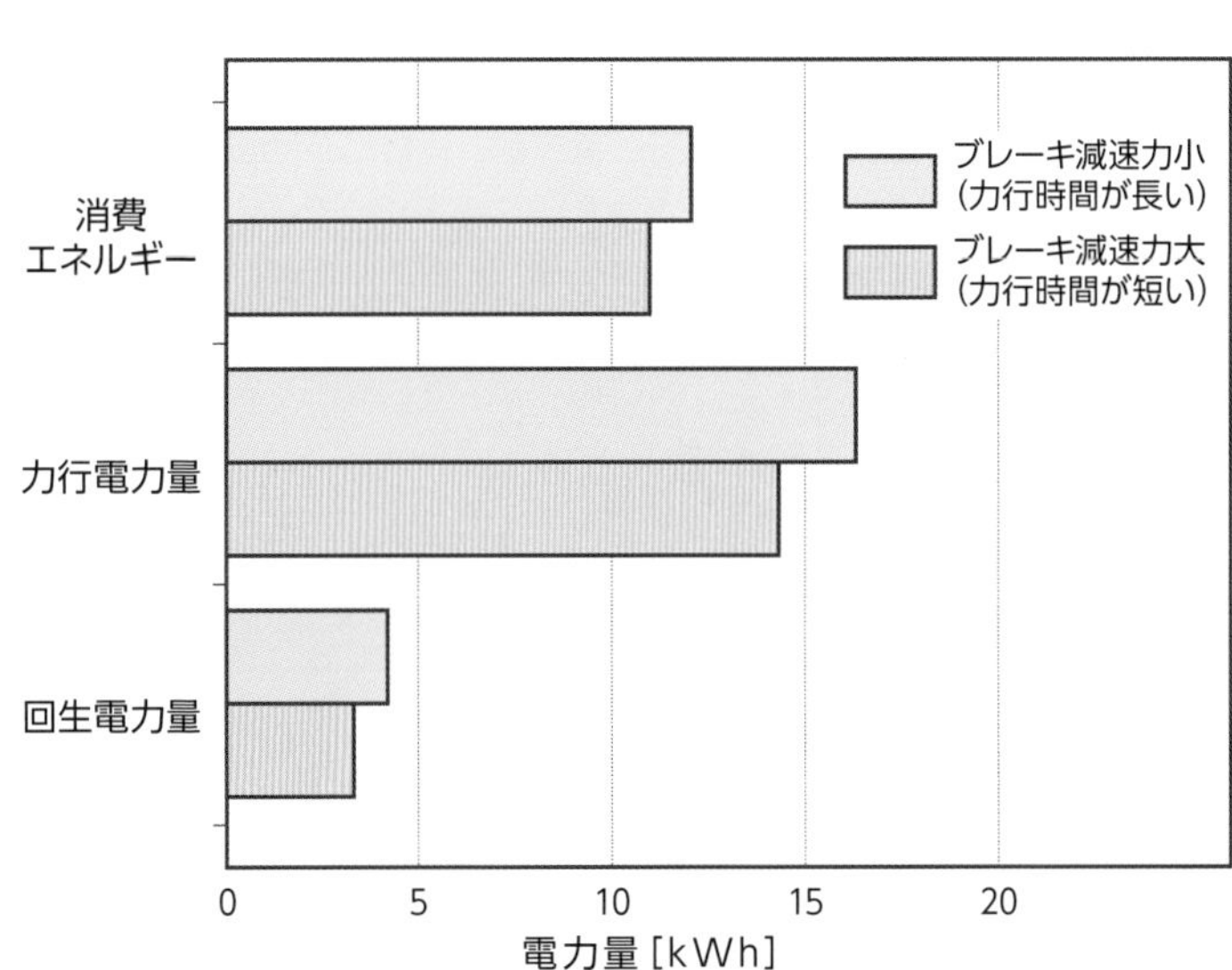

力行時間が短いほうが消費電力が少ない？

力行の時間が短いと結果的に電力消費量を抑えられるので、なるべく力行を控えるのがエコノミーかつエコロジーな運転です。

参考：「Invitation To Railway Technology 列車の省エネ運転方法の検討」『技術の泉 Vol.31』(JR西日本)

8 「ダイヤグラム」を見れば、運行が見渡せる

鉄道は、あらかじめ決められたスケジュールのもとで運転していることはご存じでしょう。各駅に時刻表がありますが、それをつなげて図表にしたものが「**列車運行図表**」、いわゆる「**ダイヤ**（**ダイヤグラム**）」です。

電車はこのダイヤに沿って動くことを基本としているので、記載事項の様式は一部異なるものの、運転士だけではなく指令所や駅員、保線担当や本社部門までが共通して同じスケジュールのダイヤグラムを使います。

大もとはデータとして管理されていますが、運転士は印刷された携帯用のものを持ち歩きます。線内の運行全体を俯瞰できるので、自分の担当している列車だけでなく、前後を走行する列車や、緩急接続なども可視化されています。

緩急接続というのは、優等列車の停車駅に普通列車が待っていたりすることです。例えば、「急行を降りたら、ホームの向かい側に普通が待っている」というような状況です。

「ダイヤグラム」の基本的な読み方

縦軸に駅名・距離（区間距離・累計距離）・勾配、横軸には時間を取ります。時間は左から右に進み、初列車から終列車までの20時間近くを一気に記すので、携帯用のダイヤグラムでも1m以上にもなります。

スジ……1本の線で表現される**列車線**のことです。各横軸の駅でスジが交わるところを見れば、発着時刻がわかります。上り列車が右肩上がり、下り列車が右肩下がりになっています。また優等列車は太く、普通列車は細く表されます。横軸の時分間隔は一定なので、例えば特急など早い列車は角度が大きく（スジが立つ）、逆に、普通列車などの遅い列車は角度が小さくなります（スジが寝る）。

ヒゲ……スジ上に小さく記載されている、「虫の触覚」のような**記号**のことです。横軸は1分間隔の目盛りなので、大まかに見れば、だいたいの時分がわかります。駅ごとの細かい時間、つまり秒単位を見たい場合は、ヒゲから読み取ります（**図**）。

列車番号……スジの横に小さく記されている**1～4桁の数字**（**およびアルファベット**）のことです。これは列車ごとに付番され、基本的には、始発から終点までの間は、固有の番号を使います。列車番号も事業者によって規則性がありますが、一般的なルールでいえば、百の位と千の位で時

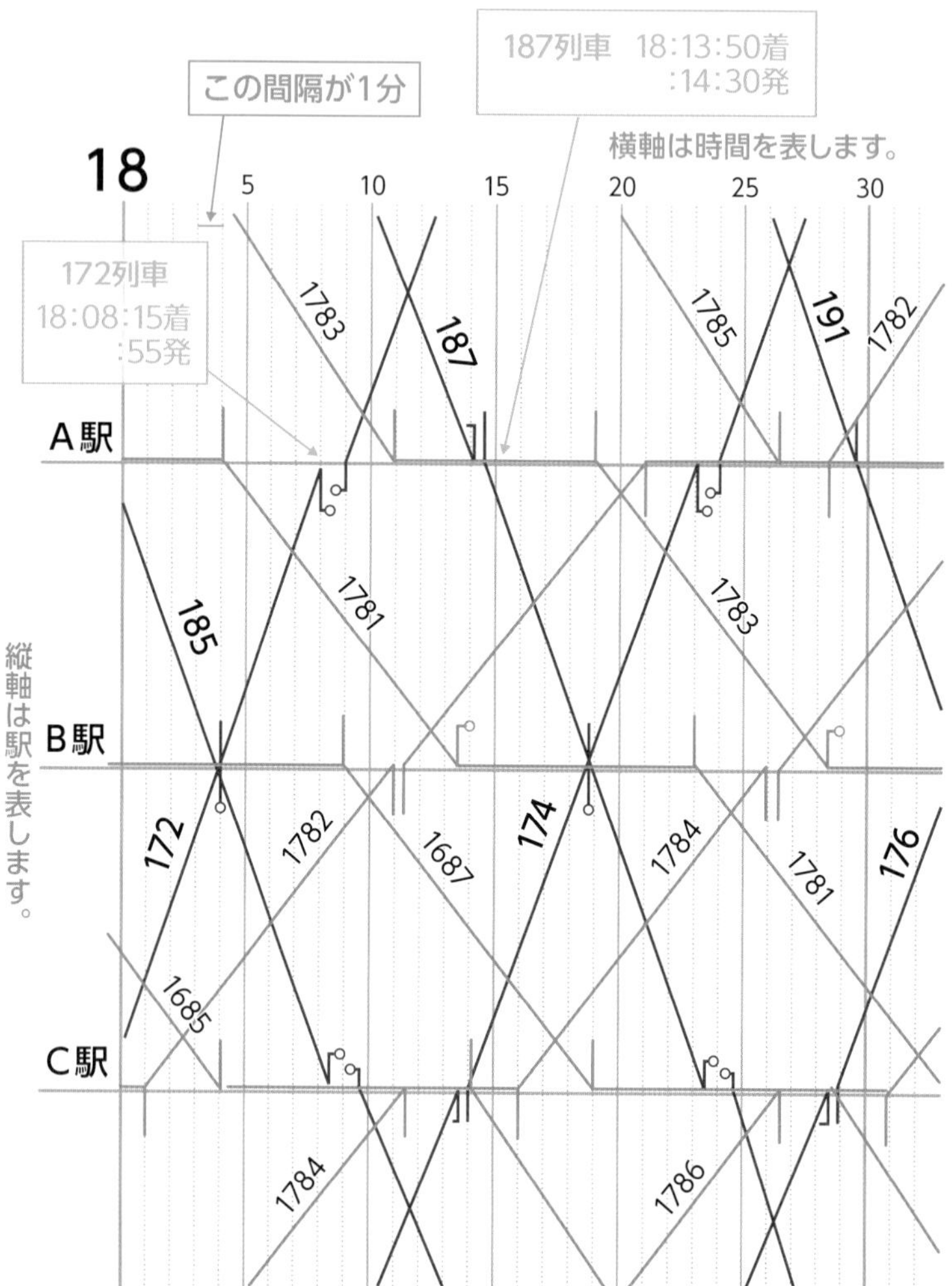

ダイヤグラムの読み方

時間の1目盛りは1分や2分間隔などさまざまですが、縦軸が駅で横軸が時間というのは同じです。モノクロだけでなく、優等列車のスジに色がついているものもあります。

間を表し、下1桁が偶数なら上り列車、奇数なら下り列車です。例えば「1510列車」なら、「始発駅を15時台に出発した上り列車」ということがわかります。この列車番号も、関係者が共通言語として利用し、運転士は当該列車担当時に、指令や駅などから「1510列車の運転士」という具合に呼ばれます。

その他記号……一般的なものは**下表**の通りです。

ダイヤグラムで使用する記号（一例）

ここに記載したのはあくまで一例なので、参考までに。微妙に違った意味合いを持っていたり、事業者によって他にも記号を使い分けていたりします。

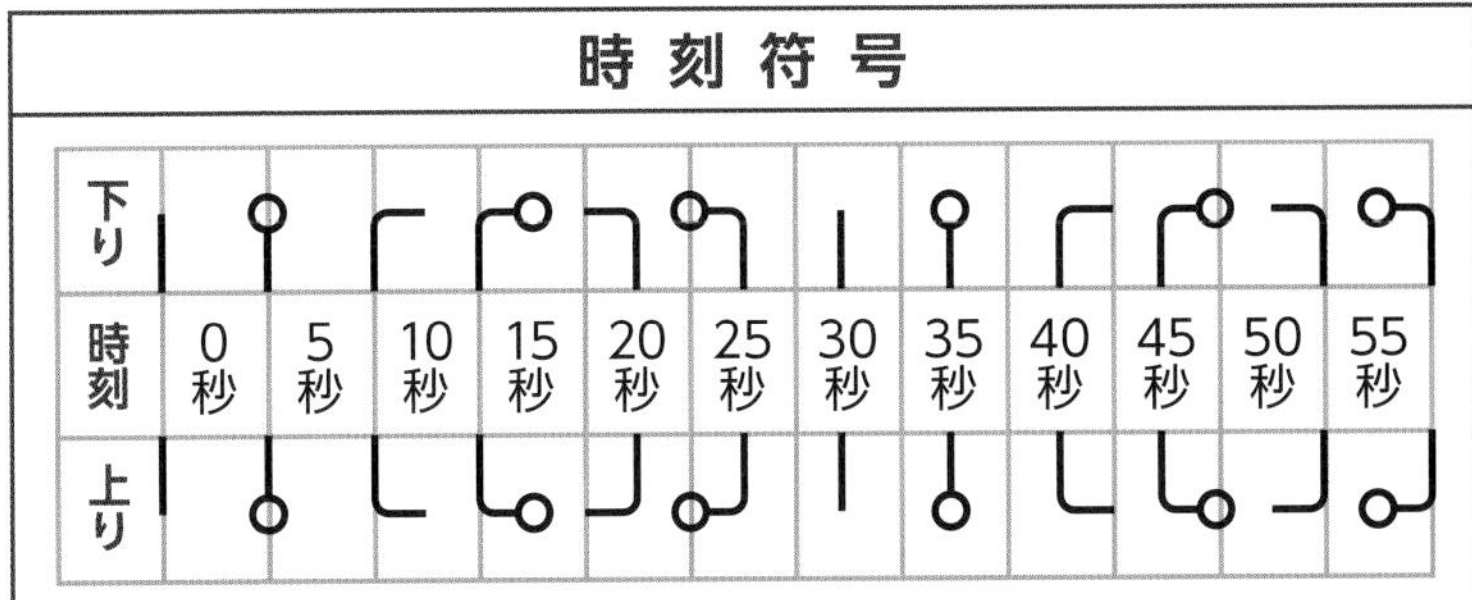

記号	意味	記号	意味
	優等列車		指定日に運休
	普通列車	○	出庫
	回送列車	△	入庫
	不定期		増結
	指定日に運転		解放

ダイヤを見てみよう

図のダイヤを見ると、「1783列車」のスジがA駅の横軸に交わったとき、そこからしばらく水平になっていることがわかります。ヒゲを見ると、18時11分00秒から19分00秒まで停車しています。この後、赤線の後続「187列車」が水平線を割るように入っています。これで、「1783列車」はA駅に停車中、「187列車」の接続待ち合わせをしていることが一目でわかります。

もし「1783列車」を担当している場合、A駅到着後に停車して時間になっても「187列車」が来なければ、ダイヤを見ることで、後続が遅延していることがわかります。同時に「1783列車」もA駅からの発車が遅れる可能性を見込めるので、その後の運転士も回復運転を検討することになります。

「187列車」を運転しているときは、先行の「1783列車」がA駅で停車することがわかります。もし「1783列車」が遅延している場合、追行する「187列車」の先の**閉そく**が「1783列車」で詰まることになるので、**普段と異なる信号現示に注意して運転**しなければなりません。

もちろん、走行中にダイヤを見ることはできませんから、当該列車を担当前に一通り眺めておけば、どこにどの先行列車がいるのか、ある程度予期して運転できます。

9 同じ車種でも個体差があり、検査後はクセが大きく変わることも

車両の「性格」を知る

同じ車種（形式）でも、車両によって「**性格**」があり、それぞれの持つ「**クセ**」が微妙に違います。もともと車種が持つMT比や装置類は一緒で、加速度・減速度などの車両性能も同じはずです。しかし、鉄道車両の中には、何十年も使われているものもあり、新品では横一列であっても、少しずつ違いが出てきます。それが**運転操作にも影響してくる**のです。

例えば、「○○系の01番は、特に回生ブレーキが効くから、駅停車時には少し奥に入ってよい」「05番は空制ブレーキが甘いから慎重に」というように、運転士は普段の乗務から、ある程度車両の「性格」「クセ」をインプットして臨みます。

これを知らずに、自分が思っていた操作ができなければ運転計画が崩れ、列車遅延につながってくる可能性もあるので大事な情報です。また、運輸区内にて、皆で情報共有を図ることも、運転技術向上の一助となります。

車両は定期的なサイクルで工場における検査が定められており、「**列車検査**（**列検**）」「**月検査**（**月検**）」「**重要部検査**（**重検**）」「**全般検査**（**全検**）」「**臨時検査**（**臨検**）」があります。列車検査・月検査が毎週・毎月ペースなのに対し、重要部検査・全般検査はそれぞれ、4年・8年に1度の大掛かりな検査です。

検査後の車両は、車輪を新品に取り替えたりと、大きく変化して帰ってきます。そのため、**検査明けの車両は「別人格」のように変わっている可能性**もあり、検査前の感覚で運転すると、思い通りにならないこともあります。

鉄道車両は競走馬のようです。基本的な乗り方は知っていても、クセの強い車両に乗ると、自分が思うようにコントロールできず、電車に操縦されている感覚です。徐々に上手くなるにつれて、電車の操り方がわかってきて、ようやく「乗りこなせた」と思えます。また、運転操作の相性がよかったり、技能試験のときに乗務した車両など、運転士には、それぞれ愛着のある車両があったりもします。

車両検査のイメージ

重要部検査や全般検査は、通常では行わないような装置の取り替えまでも行います。内部はもちろん、ボディが塗り替えられたりもします。

Column 03

なぜ運転士の後ろに「カーテン」があるのか？

運転台の背面にカーテンがあるのをご存じですか？　鉄道ファンなら「『かぶりつき』をしていたのに、カーテンを降ろされてしまった……」といった経験があるかもしれません。

カーテンを降ろすのは、決して鉄道ファンをシャットアウトするためではなく、フロントガラスへの光をさえぎるためです。このカーテンを「**遮光幕**」といいます。

遮光幕は、主に早朝や夜間、トンネル、地下区間、あるいは雨天時の暗くなったときに使います。運転台のフロントガラスに客室の蛍光灯が反射すると前方が白くなり、線路状態や信号が大変見えづらいのです。運転室灯を基本的に消灯しているのも同じ理由です。

逆に、日中は遮光幕を上げることが義務づけられていたりしますが、事業者によっては、運転士の判断で遮光幕を閉めることを許可している場合もあります。

最近は、運転台を客室から撮影する人が増え、ひどい場合は客室からノックされたりすることもあり、運転士が運転に集中できないことがあります。集中力がものをいう運転業務では、このような外部要因で前方注視が散漫になったり、細かいブレーキ操作に影響が出て、安全運転、定時運転に悪影響を及ぼしかねず、やむなくカーテンを閉じていることも多いのです。

もちろん、子どもが前面展望を楽しむ様子は、運転士にとっても微笑ましく思え、安全運転、定時運転を心がける運転士の活力ともなります。決して、お客さんを「煙たがっている」わけではないのです。

第4章

電車を「安全」に運転するための技術

1 現代の安全の礎をつくることとなった「三河島事故」

日本に鉄道ができてから、およそ150年経ちましたが、いまだに鉄道事故はなくなりません。「完璧な安全」を実現するのは、いかに難しいことかがわかります。そんな鉄道で、事故を防ぐ最後の「砦」である運転士には、どれだけ安全が託されていて、それを守らなければならないのでしょうか?

運転士が携帯する「運転安全規範」の綱領には、各社で多少違いますが、「安全の確保」という文言が記載されています。**安全というのは鉄道輸送全体の原理**であるともいえます。

「鉄道の歴史は事故の歴史である」と古くからいわれます。最も有名なものでは、1962年に発生した「**三河島**(みかわしま)**事故**」です。これは東京都の常磐線三河島駅で起きた列車脱線多重衝突事故です。まず、下り1番線に到着した貨物列車が過走し脱線、下り本線を発車した列車と衝突し、上り本線までふさいでしまいます。そこに上り列車が進入してしまい、下り列車と激突。死者160名、負傷者296名を出す大惨事となりました。三河島事故を受けて「二重事故を防ぐ」という考えのもと、列車防護を行う**列車防護無線装置**の各車両への整備が促され、**ATSの設置計画を早める機会**にもなりました。

三河島事故のような大事故にも、大小を問わず、過去のさまざまな鉄道事故を教訓に、各社は安全対策を行っています。「事故を二度と発生させない」という、先人たちの想いを「安全の確保」――つまり、安全運転という形で返さなければなりません。

三河島事故
国鉄（現・JR東日本）で発生した、死者が100人を超える「国鉄戦後五大事故」の一つとしても数えられています。運転士はここから多くの教訓を学び、安全の大切さを知ります。　写真：時事

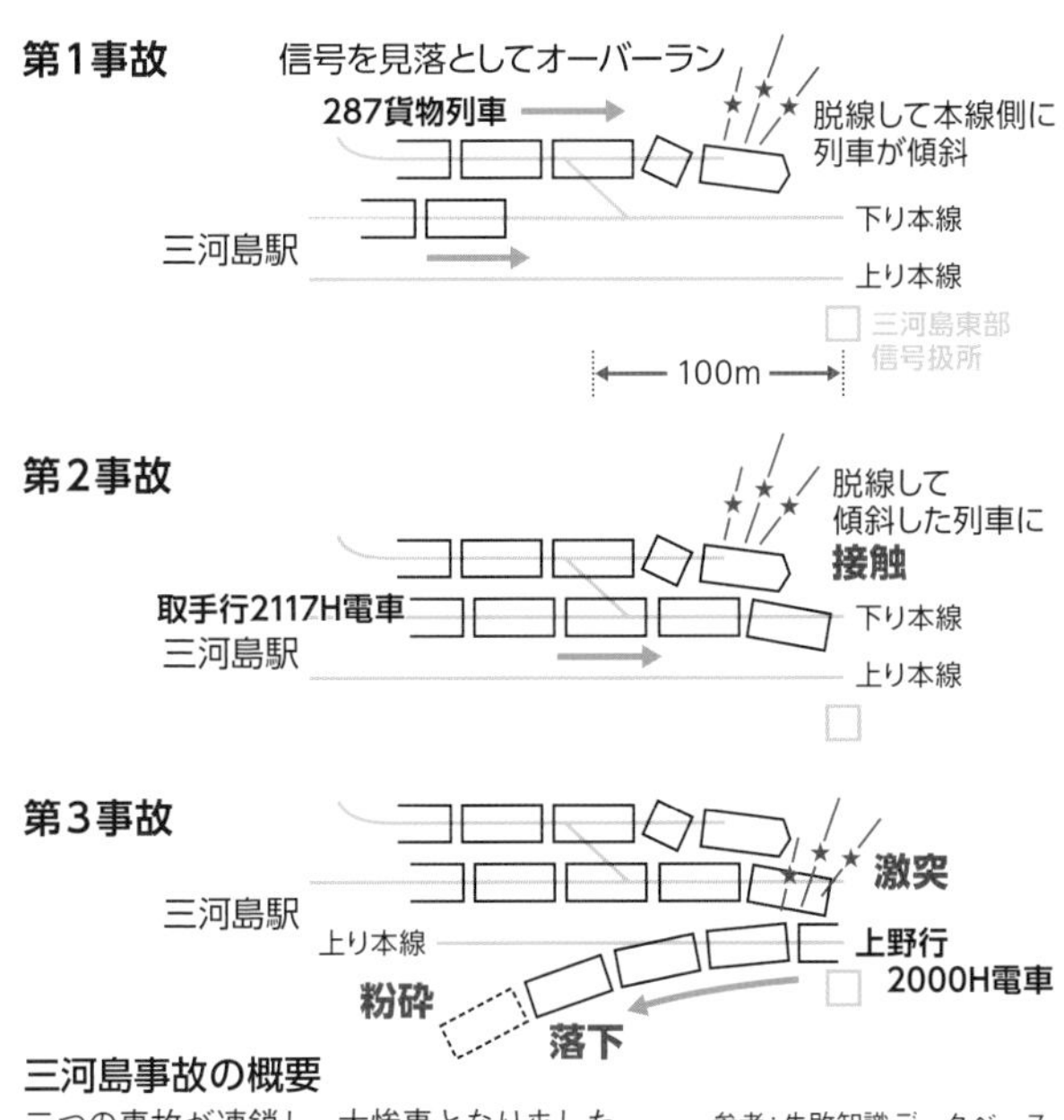

三河島事故の概要
三つの事故が連鎖し、大惨事となりました。　参考：失敗知識データベース

2 二重事故を防ぐ「列車防護無線装置」

そもそも「**列車防護**」とは、何でしょうか?

例えば、列車がトラックと接触して停止し、反対線路もふさいでいた場合、もし反対列車がそれに気づくのが遅れて突っ込めば、被害が拡大してしまいます。このような**二重事故**を防ぐため、停止信号を現示することを列車防護といい、他列車を止めるための無線を発信する装置が「**列車防護無線装置**」です。

現在、列車防護無線装置は、全国で多くの車両に搭載されており、前記のような接触事故、人身事故、脱線など、運転士や車掌が列車を停止する必要があるときは、ボタンを押すことで信号を発することができます。これを「**発報信号**」といい、特殊信号の一つです。

発報信号を受信した近隣列車は、運転台にある装置から「ピピピピ」という甲高い音が鳴り響くので、それを聞いた運転士は、ただちに非常ブレーキで停車しなければなりません。受信した他列車の運転士は、当初、何が起きたのかわからないのですが、とにかく停止します。その後、指令より無線で説明があります。こうすることで、**事故現場に誤って近づくことがないので、二重事**

故を防げるのです。

発報信号は、発信した列車を中心に、半径1km の範囲まで届くといわれています。しかし、条件によってはさらに遠くまで飛ぶので、例えば、曇りの日は雲で反射したり、10km 以上先の反対海岸まで飛んで、「まったく関係ない他路線の列車が止まった」という事例もあります。

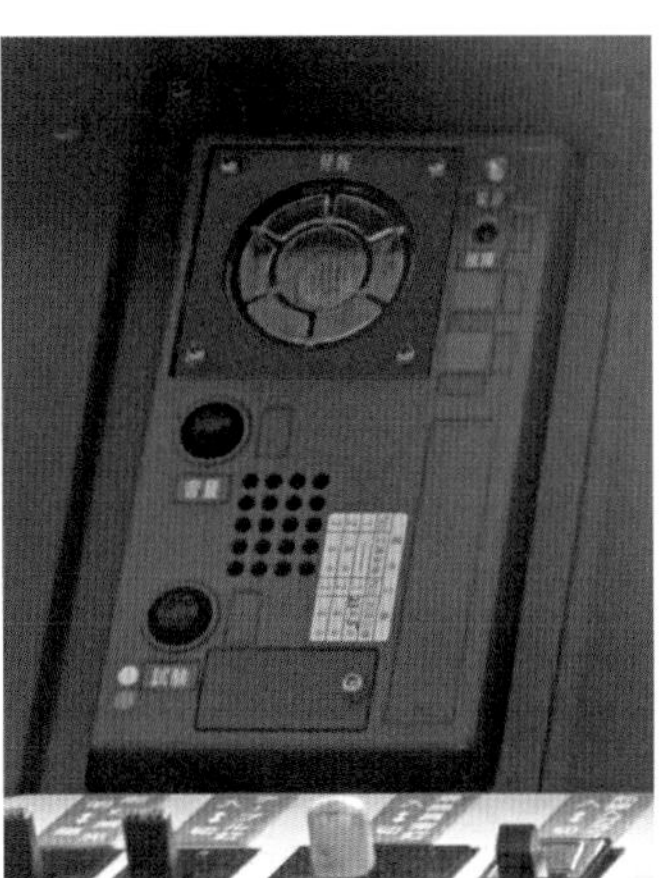

列車防護無線装置

緊急時にのみ操作するものなので、スイッチがアクリル板でカバーされているなど、簡単に押下できないようにしています。

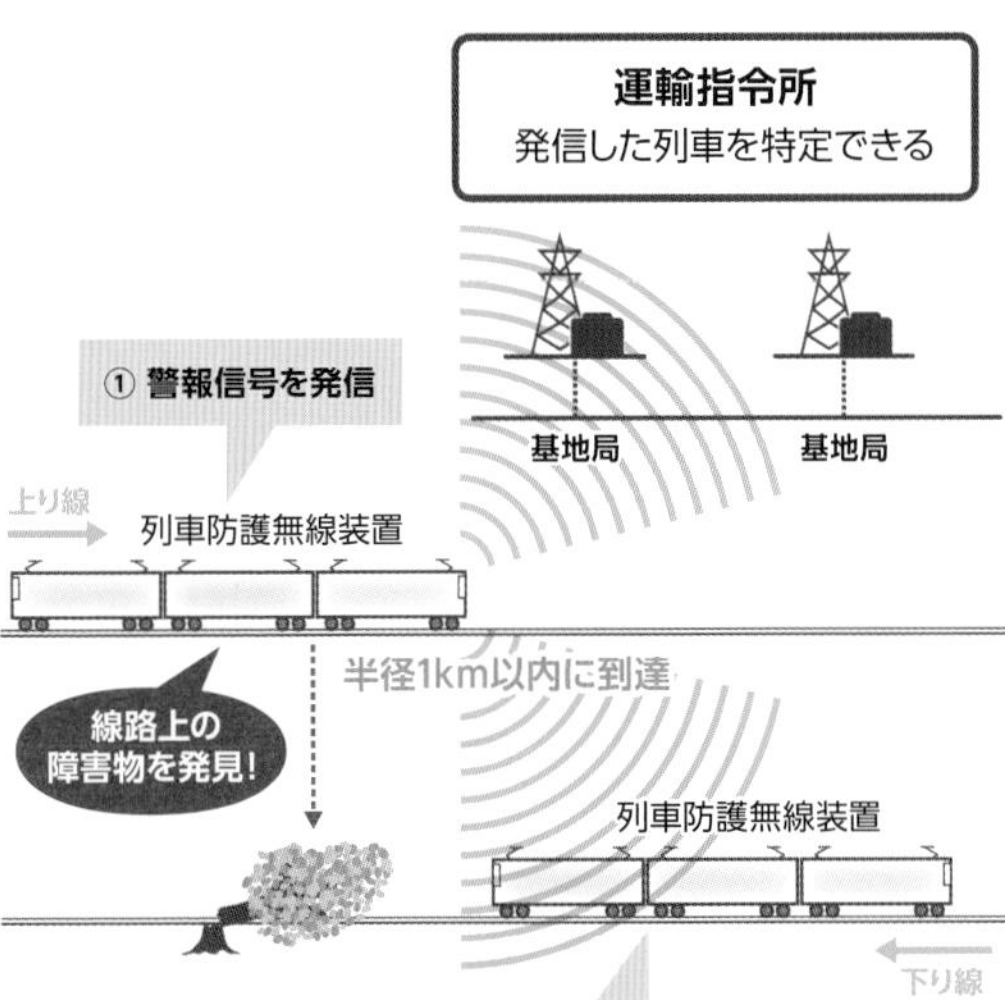

列車防護無線の概念図

範囲の列車が一斉に停止するので、もし何事もなくすぐに復帰できても、全体的に少しずつ遅延が発生することになります。

3 ミスが6分の1になった実験結果もある「指差称呼」

鉄道が誕生して以降、鉄道設備は大きな進化をとげてきました。今や自動運転に注力する事業者も多く見られます。しかし、まだ機械では安全を担保できないことや、いきなり大きな設備投資はできないこともあり、人間の手に頼らざるをえない部分が多くあります。

長い訓練で知識や技能を習得しているとはいえ、運転士も人間なので、ときに間違いを犯します。こういった人為的な過失やミスを**ヒューマンエラー**といいます。このヒューマンエラーを安全装置などでカバーしていくのですが、それでも、その「網目」からもれてしまったときには事故が発生してしまいます。そうならないために、鉄道では少しでも事故を防止するため、事故の原因を知り、対策を打つことを日々繰り返しています。

ヒューマンエラーは諸説ありますが、「9つに分類される」ともいわれています（図）。これらを100％防ぐのは難しいともいわれますが、その発生率を少しでも低下させるために、多くの対策を事前に打つことができます。特に、ヒューマンエラーと個々人の安全意識のレベルとは深い関わりがあるので、高い安全意識でヒューマンエラーを未然に防止する対策を打つことが不可欠です。

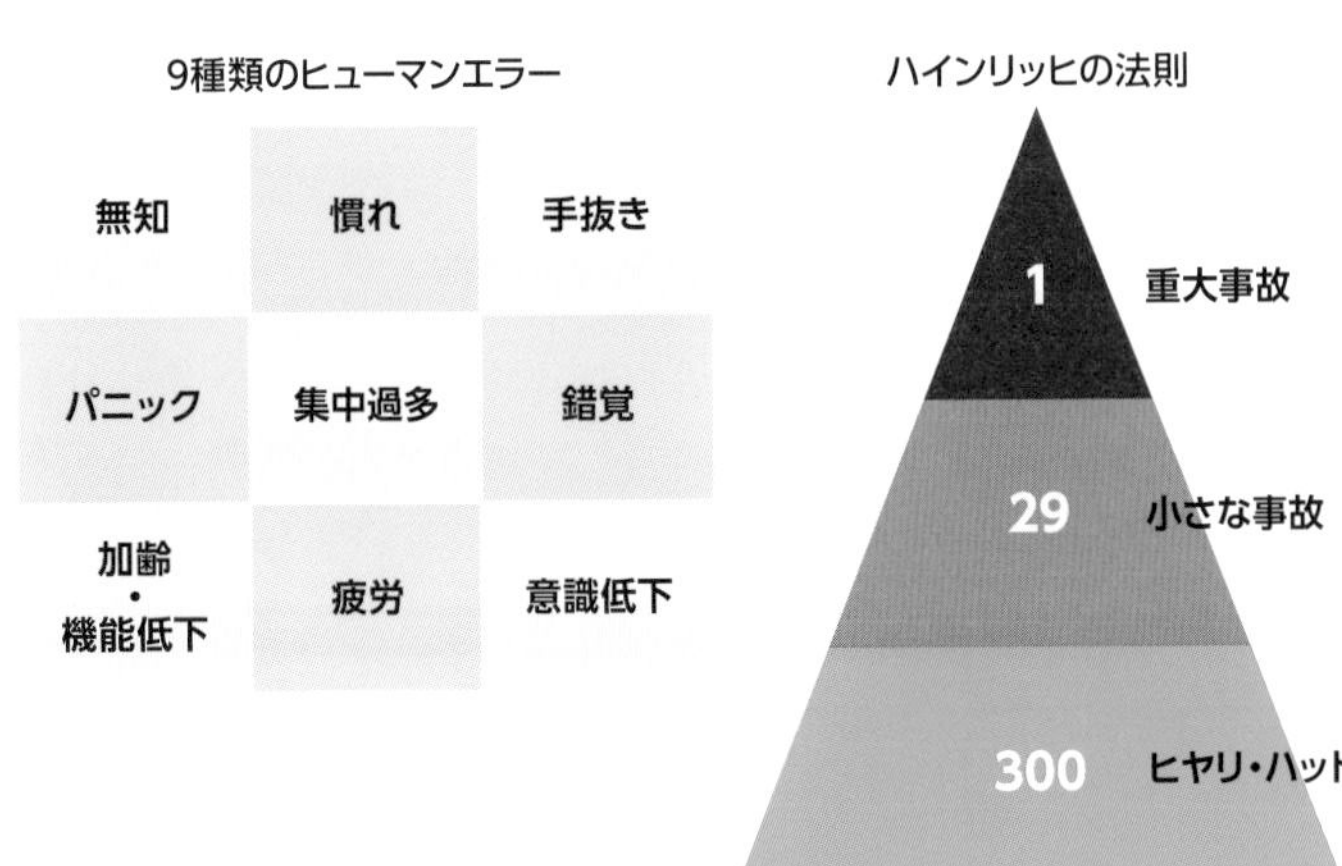

過失やミスには「パターン」がある

列車運転中もさることながら、担当前の発車時刻確認や、携行品を忘れていないかなど、乗務以外の場面にも応用されています。

指差称呼

信号、時刻、表示灯、施錠……運転のさまざまな場面において、指差しによる確認が行われています。運転士だけではなく、運転に関わる他のポジションでも活用されています。

「ハインリッヒの法則」とは？

ハインリッヒの法則は、「1つの大事故の背後には、29の小さな事故と300の事故に至らない『ヒヤリ・ハット』がある」というものです。1929年にアメリカのH・W・ハインリッヒによる論文が元になっています。

普段生活していても、「鍋の火を消し忘れそうになった」「窓を開けっ放しで外出しかけた」など、文字通り「ヒヤリ・ハット」な経験をした人は多いでしょう。

このような経験は、列車の運転中にも多く散見されます。例えば「普段ブレーキをかけるはずのところを忘れそうになった」などがあります。こういった「**事故の芽**」を摘みながら、大事故になる前の予防策を立てることが大切です。

なぜ「指差し確認」が必要なのか？

鉄道マンにとって、最もポピュラーなヒューマンエラー防止策は「**指差称呼**（しょうこ）」です。「出発進行！」と大きな声を出している運転士や車掌を見かけたことがある人も多いでしょう。よく見るとこれは、声だけではなく、出発信号機に向けて指差しも行っています。この一連の動作のことを指差称呼といいます。事業者によって「指差呼称（こしょう）」「指差喚呼（かんこ）」など呼び方はさまざまですが、同じ行為です。もともと国鉄が発祥となり、現在では国内の鉄道のみならず、他交通や建設、製造現場などにも浸透してきています。

指差称呼を実際に行ってみると体感できますが、目・耳・口・指・腕と、体のさまざまな「パーツ」に刺激を受けることがわかります。通常は着席して長時間運転しているので、このように視覚・聴覚・触覚が刺激されると、脳の活性化につながります。

指差称呼によるヒューマンエラーの防止効果については、鉄道総合技術研究所が行った実験結果によると、何もしない場合と比べて、指差称呼することで、エラー率が**6分の1まで低下**することがわかりました。

4 最終手段、「非常ブレーキ」を使うための技術

非常ブレーキは、その名の通り「非常」の際、つまり緊急時に使うブレーキです。駅に停車する際に使う**常用ブレーキ**とは異なります。

鉄道車両の非常ブレーキの**減速度は、車種にもよりますが、4.0〜4.5km／h／s**ほどです。通常の停車ブレーキは**2.5km／h／s**ほどですから、いかに強いかわかります。

非常ブレーキによって停車した際は強く揺れます。停車寸前に、少しでもショックを和らげるためのブレーキングを**1－14**で説明しましたが、非常ブレーキ時は、そのような暇はありません。一気に停車まで持っていくので、自動放送や車掌から「停車時の衝撃に注意してください」とアナウンスされることもあるぐらいです。

ツーハンドルの場合、ブレーキハンドルの常用ブレーキ位置を超えた、さらに奥まですばやく持っていきます（**図**）。

ワンハンドルでは、常用最大ブレーキのもう一つ上、マスコンハンドルは目一杯奥まで倒します。

なぜ、一番奥にあるのかというと、**もし運転士が前のめりに突っ伏して気を失ったとしても、非**

常ブレーキがかかるような設計になっているからです。

空気指令式電磁直通ブレーキで非常ブレーキを投入したときは、常用ブレーキの空気系統とは別の**ブレーキ管**の490キロパスカルの空気が、一気に0キロパスカルまで抜けることで作用します。このとき、同時に「バシャーン」という、けたたましい空気の吐出音が発生し、車両は減速力をともなって停車します。

停車後は空になったブレーキ管に、再び圧力を込めなければならないので、すぐには運転を再開できません。ハンドルを「常用最大ブレーキ」まで戻すと、空気をためるコンプレッサー音が聞こえてきます。幸いにも何もなければ、車掌と打ち合わせ

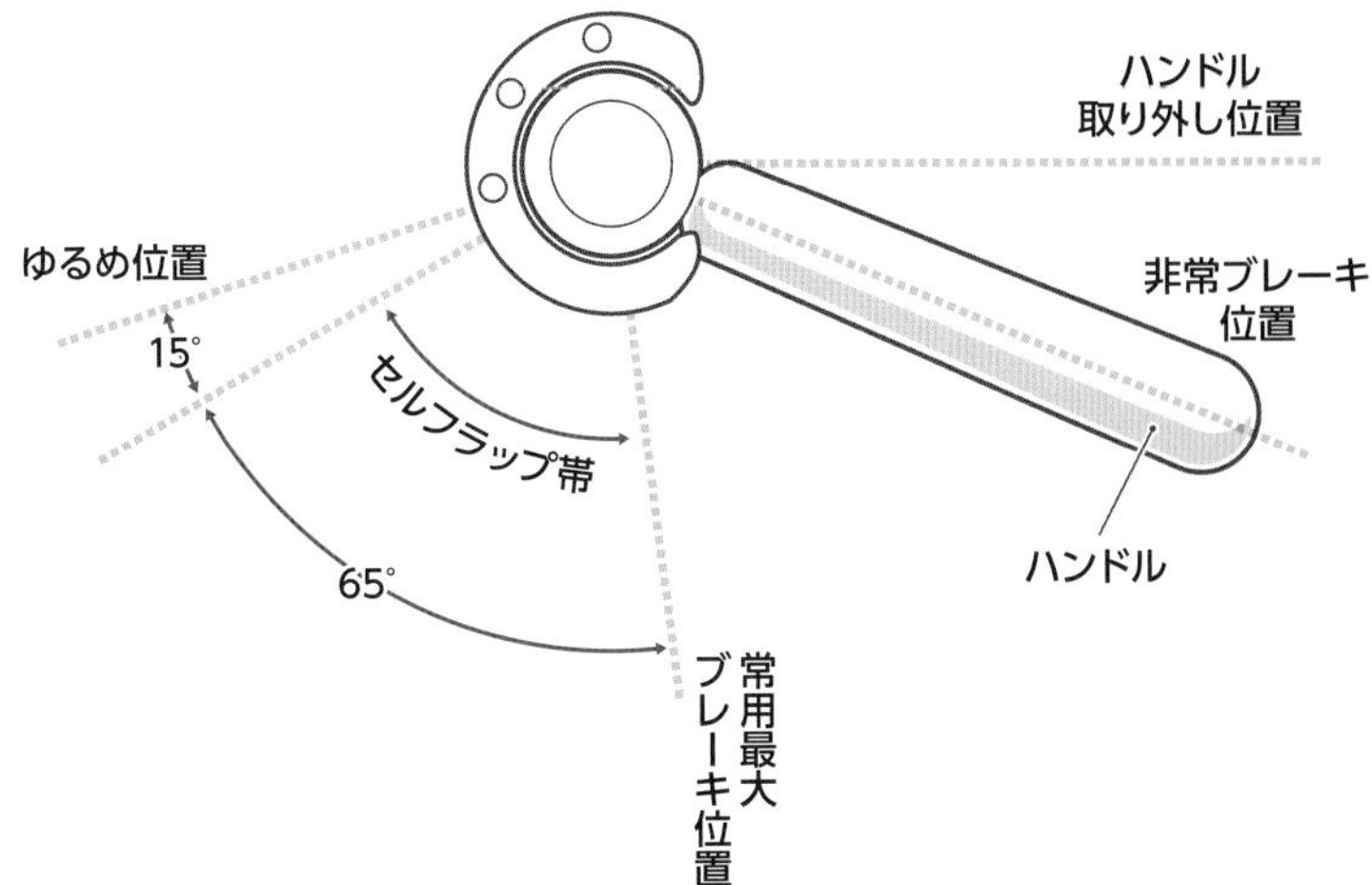

ツーハンドルのブレーキの操作位置（電磁直通ブレーキの場合）
安全のために、非常ブレーキを投入しなければ、ハンドルを抜き取ることができないような構造になっています。

をして運転再開です。

また、電気指令式ブレーキでは、投入後に、引き通してある**非常ブレーキ指令信号線を切断することで、非常ブレーキが動作する仕組み**です。ワンハンドルの場合、こちらも「ガコン」と、常用ブレーキにはない「投入する感触」があり、直後に減速感が出てきます。ただし、非常ブレーキが不要となれば、その後、常用ブレーキに戻せるものも多く、とっさの判断をしやすいです。

列車の安全に支障をきたす条件を満たし、保安装置が働いた際には、運転士の意思とは関係なく、自動的に非常ブレーキが作動します。また、車掌室に設置されている「**車掌非常ブレーキスイッチ**」「**車掌弁**」を使えば、万が一の際には車掌の判断で非常ブレーキを動作させることもできます。

列車走行中に非常ブレーキを使用するシーンは、「まさに踏切直前横断やホーム転落などの人身事故の危険性があるとき」や「前方に何かしらの線路支障物を発見し、手前で止まる必要がある、もしくはその恐れがあるとき」、そしてこれらの原因によって「停止を示す信号（特殊信号発光機や防護発報受信など。**1－11**参照）が現示されたとき」です。

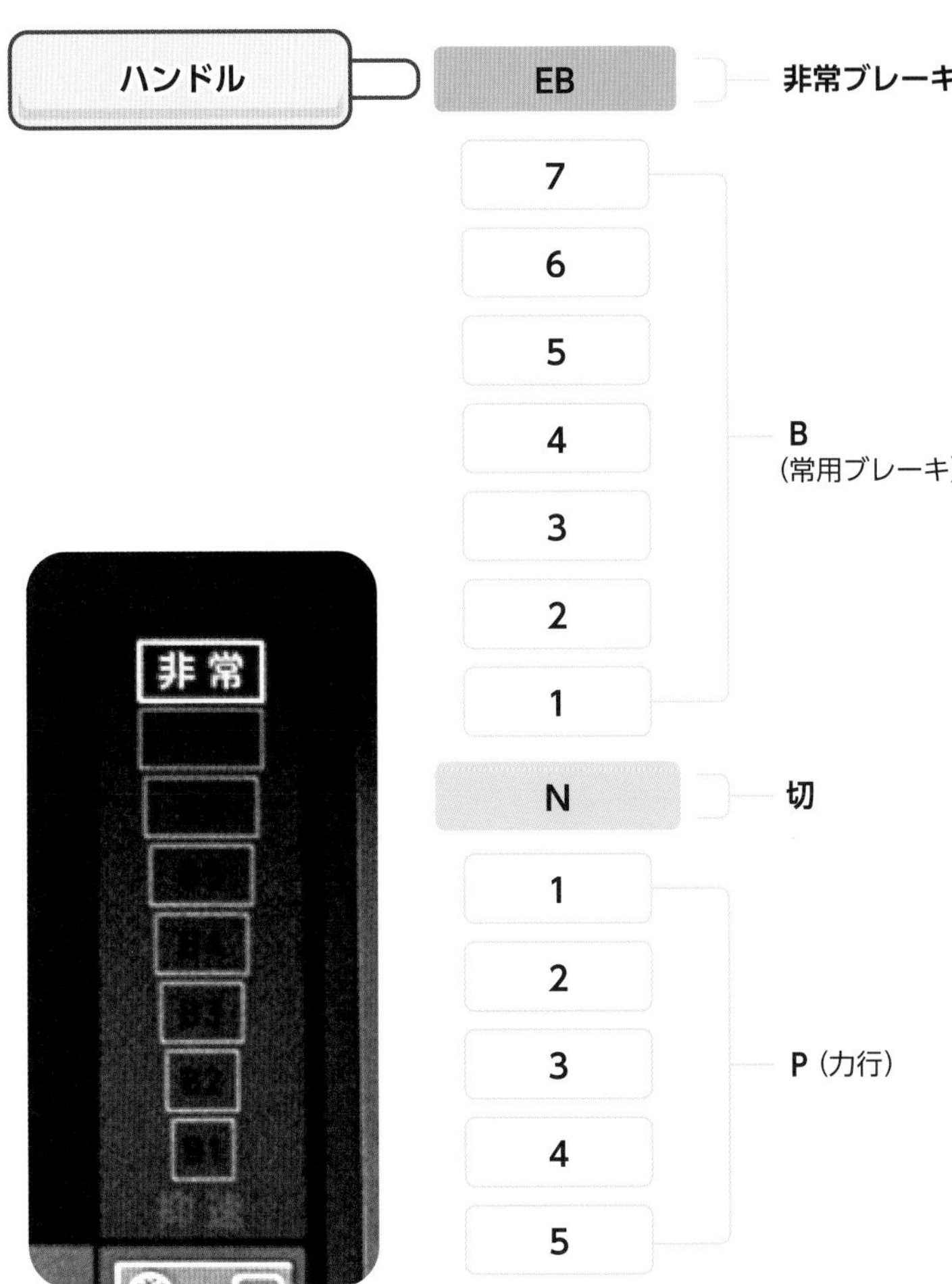

電気指令式ブレーキ(ワンハンドルマスコン)の非常ブレーキ位置
常用ブレーキ最大の7ステップのさらに上に「非常」と表示されているのがわかります。ハンドルは一番奥の位置になるので、非常の際には思い切って投入できます。

5 「もしも」のための、電車を安全に停車させる仕組み

これだけ毎日多くの電車が動いていれば、「運転士が気を失って倒れた」という、万が一の事態があるかもしれません。特に「高速域で運転しているときに運転士が気を失ったら」と想像するだけで、どれほど危険なことかわかります。そんなとき、運転士の操作によらず、列車を非常ブレーキで停止させるのが「**EB**（**Emergency Brake**）**装置**」や「**デッドマン装置**」です。

EB（Emergency Brake）装置

「**緊急列車停止装置**」ともいいます。運転士が運転台で、力行、ブレーキあるいは警笛などの運転操作を、一定の時間（一般的に1分間）行わなかったとき、異常と見なして警報音が鳴ります。この警報音は、専用のボタンを押したり、運転操作を行うことで解除されます。それがなお解除されずに5秒ほど経過すると非常ブレーキがかかる、という仕組みです。

デッドマン装置（Dead man's brake）

「Dead（死んだ）」という、文字通り万が一、運転中に運転士が急死してしまったときのための装置です。大きく分けて以下のようなものがあります。

マスコン一体型

ツーハンドルでは、マスコンを操作している間、ノブを常に保持していなければなりません。ノブから手を離すと、ハンドルに内蔵しているバネの力でマスコンが上がり、非常ブレーキが動作します。ワンハンドルでも同様で、運転中にハンドルから手を離すと、非常ブレーキが動作する仕組みです。ワンハンドルの場合は、握り位置の下にレバーがあり、ハンドルと同時にレバーを握って操作する仕組みです。

足踏み型

足元に設置されるペダルです。運転士が運転中は、ペダルを常時踏んでいなければなりません。足が離れると警報音が鳴り、そのままにすると非常ブレーキが動作します。

なお、これらの装置はあくまでも一般的な形式のものです。他にも、非常ブレーキではなく、力

行が停止するタイプや、**防護無線を発信するタイプ**などさまざまです。現在、省令で、EB装置もしくはデッドマン装置のいずれかを備えることが義務づけられています。

ところで、EB装置は、警報音に反応して操作すれば約1分間は問題ありませんが、デッドマン装置の場合、この装置を常に保持していなければならないので、意外に負担がかかります。例えば、足踏みの場合、同じ体勢で踏み続けるので、運転中、足に違和感があっても下手に動かせず、意識すると余計に疲れてしまいます。これは、特に特急など、次駅までの距離が長い場合に顕著です。

また、デッドマン装置が、本来の用途である運転士の意識喪失などで動作するなら問題ないのですが、誤った操作による非常ブレーキ作動、つまり「ふと操作中に手や足を離してしまうこと」で動作するケースも少なくありません。

電車にはこのような、バックアップ機能としての保安装置がいくつもあります。速度制限のＡＴＳ（**4－8**参照）もそうですが、本来は緊急時に動作するのが正しい装置に対して、運転士が「**それらを誤動作させない**」ことに気をつかって運転するという「策士策におぼれる」状態になっていることもしばしばあります。

EBリセットスイッチ
長い惰行が続く区間では、運転操作が長く行われないこともしばしばあります。その場合、1分経過すると警報音が鳴るので、その都度解除します。

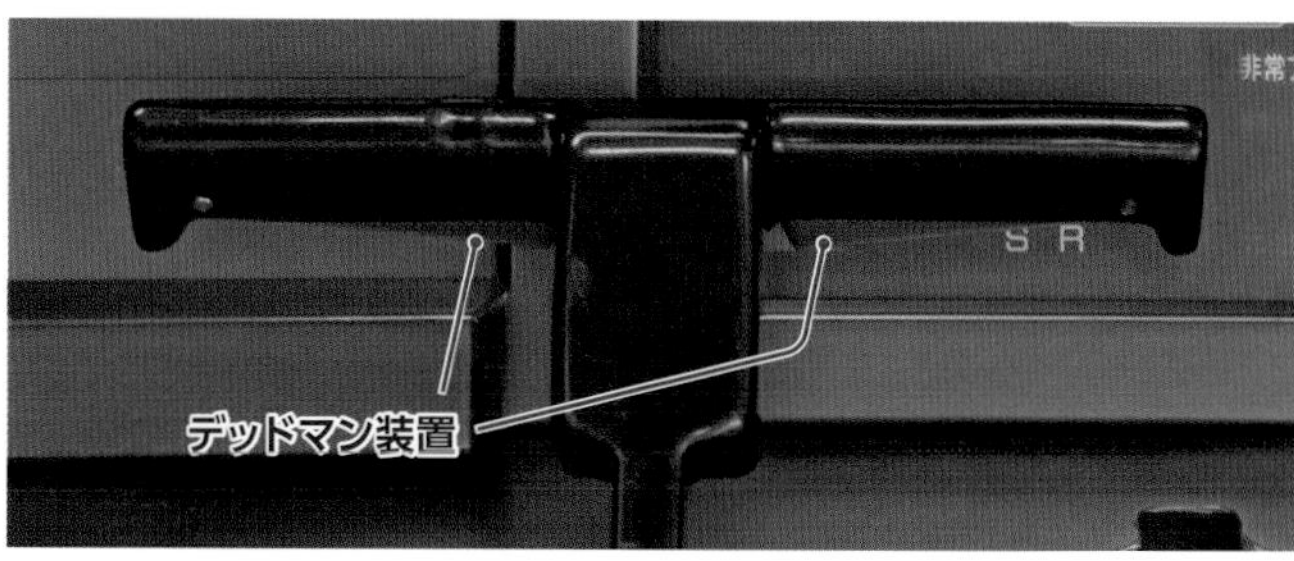

マスコン一体型のデッドマン装置の位置
力行時は灰色の部分を握り込むようにして持ちながら操作します。

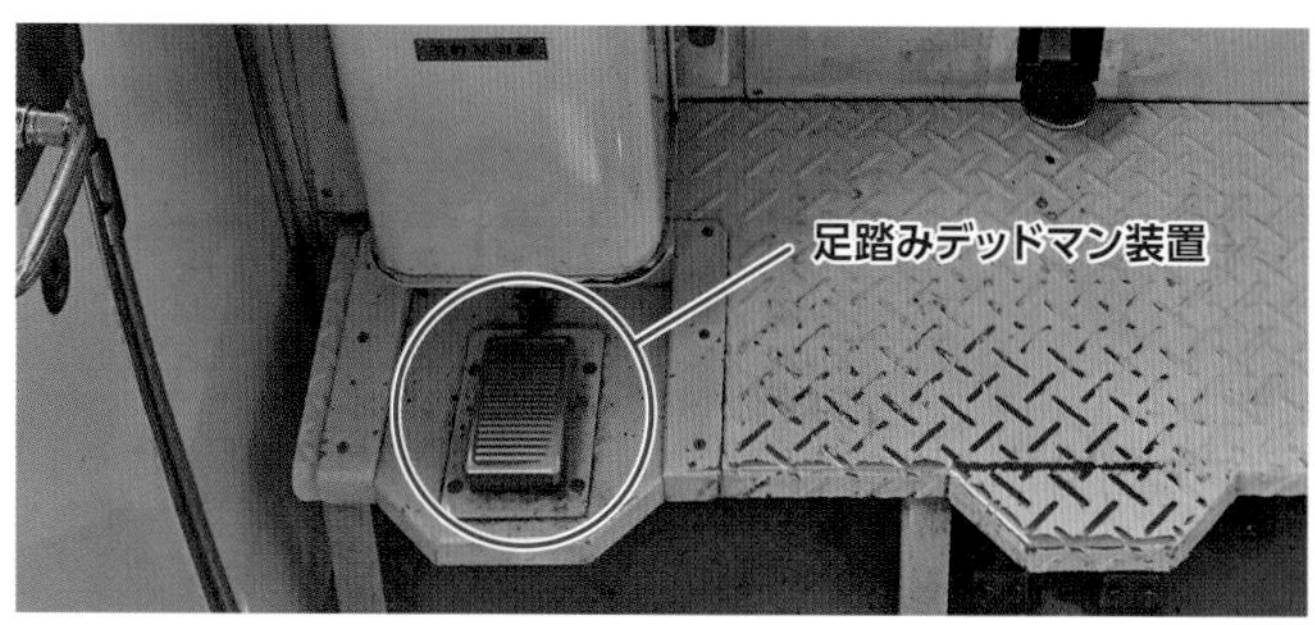

足踏みデッドマン装置（名鉄6800系）
車掌が乗務しない「ワンマン運転」の車両なので、運転士がこのペダルから足を離すと、アラーム鳴動後には非常ブレーキと共に列車防護無線も発信されます。

6 非常ブレーキの投入には「勇気」がいる理由

4－4で、非常ブレーキを使う時機について述べました。異常発生時に点灯する**特発**などの信号が明らかに現示されているなら素直に投入しやすいのですが、難しいのが「**危険かどうか不確かな場合**」です。本来、原則として鉄道には「フェールセーフ」という考え方（1－9参照）があるので、「疑わしきは停車」が大前提です。

しかし、「非常ブレーキを投入する」のは、運転士にとってたいへん勇気のいる行為なのです。一旦、高速域での運転から停止すれば、確実に遅延が発生してしまいます。そして、高速域からの非常ブレーキというのは、高い減速度とあいまって、**ジェットコースターの落下時のような独特の感覚が体全体に伝わってくる**ことも、その心理に影響しているでしょう。

もちろん、目の前に人が飛び込んできたり、危険が明らかな場合は、迷うことなく投入できますが、それ以外の場合、特に確実な判断ができないときには躊躇してしまうでしょう。新人など経験が浅い運転士であれば、なおさらです。また、突然の出来事に驚いてしまい、「非常ブレーキの投入を判断できない」というパターンも考えられます。

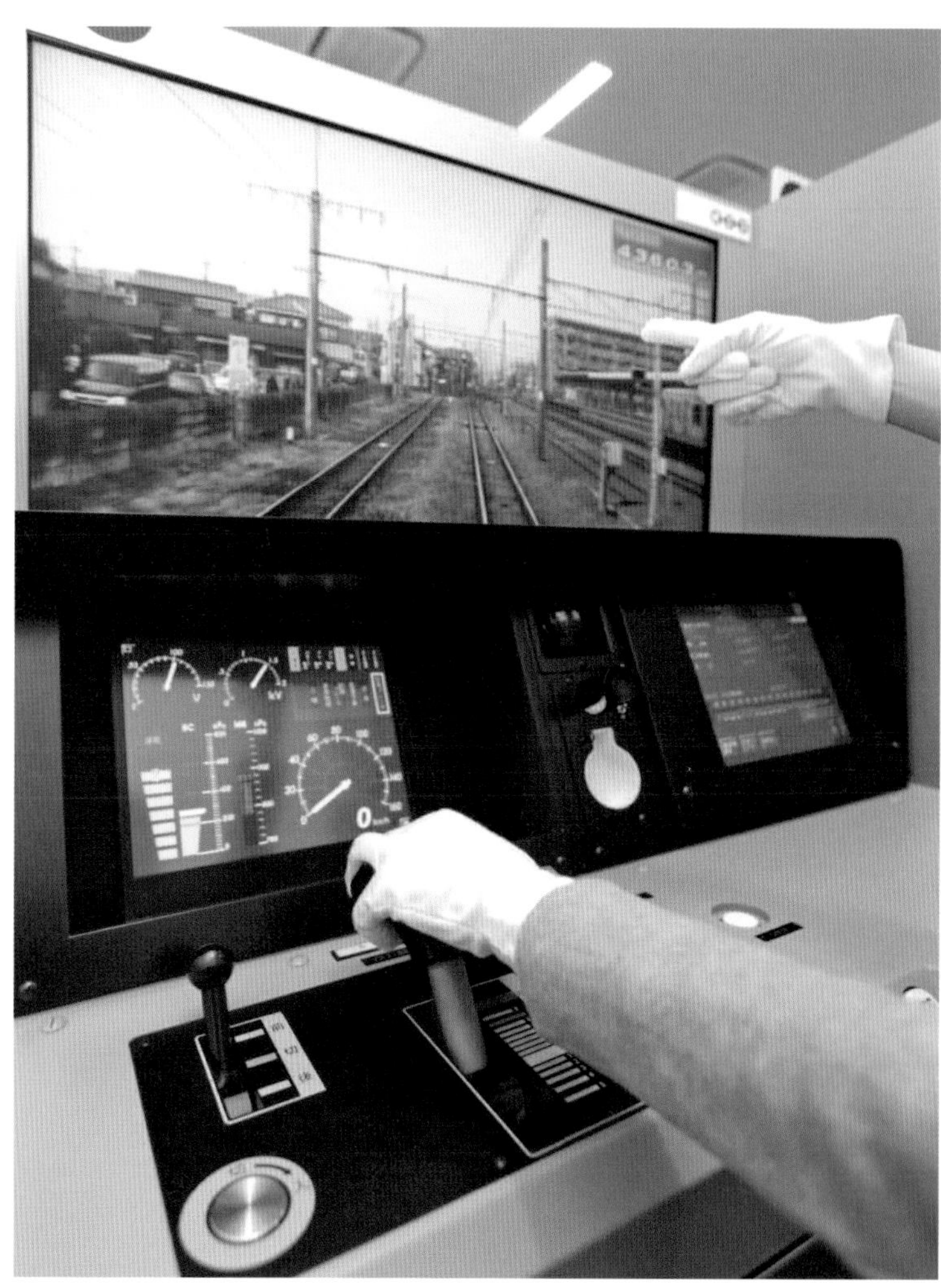

JR東日本のシミュレーター

運転士の判断力が試される、非常ブレーキを投入する場面ですが、実際に繰り返し訓練できるものではありません。そのためシミュレーターや日々のイメージトレーニングで判断力を身につけます。

写真：時事

その「疑わしさ」を判断する裁量は、運転士にあります。一旦、停止すれば、前記のように遅延が発生するので、経験が少ないと、即断できるものではありません。「ダイヤ」という「サービス」を提供している鉄道にとって、定時運行はもちろん大切で、運転士の曖昧さのせいでやたらに停車していては、「いくら時間があっても足りない」ということになってしまうからです。

そこで、**非常ブレーキを投入できるか否かには、運転士の判断力が必要**になるわけです。さまざまなシチュエーションを経験し、むやみに停車せず、なおかつ必要なときには躊躇なく非常ブレーキを投入できる――このような運転が理想です。

ただし、前記のフェールセーフの観点では、たいへん危険なのが過信です。「必要な場面で非常ブレーキが使えない」ことは、絶対に避けなければなりません。「非常ブレーキの判断を誤る」ぐらいなら、「停車して遅延を発生させてでも、安全策を取る」ほうがまだマシなのです。

将来的には、支障物を自動で判断してブレーキが作動するような、人間の判断に頼らないテクノロジーの進歩が望まれるでしょう。しかし、そのような未来の実現には、まだしばらくかかりそうで、運転士の判断力がモノをいう非常ブレーキの場面が、当面続くでしょう。運転士は、シミュレーターを使っての訓練や普段のイメージトレーニングでその判断力を養っているのです。

7 運転士が「ルーティン」を守ることには意味がある

「ルーティン」という言葉は、２０１５年のラグビーW杯のとき、五郎丸歩選手の「五郎丸ポーズ」で一躍脚光を浴びました。ただ、「ルーティン・ワーク」と聞くと、どこか無味乾燥なロボットの作業のように感じるかもしれません。誤解を恐れずにいえば、運転士の仕事もルーティン・ワークです。

五郎丸選手がゴールキックの前に「五郎丸ポーズ」を取り、精神を統一したのと同じく、運転士も乗務の10分前には白手袋をつけ、列車時刻カードに目を通し、車掌と打ち合わせてホームへ……。運転台に乗り込むと、「ＡＴＳよし」「列車無線よし」と小気味よく指差称呼……。列車を動かせば「発車定時」「８両停車」……。これらの毎日のルーティンは、**１％もないであろう間違いの芽を摘むため**です。

私が**車掌見習**のころ、当初は指差称呼が物珍しく、いわれた通りに行っていました。ですが、徐々に「何でこんなことをせなあかんの？」「もっと効率的な方法があるはず」と、半ば呆れながら、それでも「仕事」と割り切って行っていた時期がありました。

ルーティン中の乗務員

乗務にあたって行っている一つ一つの動作は、単なる繰り返し作業ではなく、精神統一の意味合いも含んでいます。

しかし、車掌として一人前になったあるとき、肝を冷やしたことがあります。どこかで手抜きの気持ちが出たせいか、発車時刻の確認を声に出さず、結果、誤って予定より1分早く運転士に合図を送ってしまいました。幸い運転士が気づき、発車はしませんでしたが、もし「早発したら？」

と想像すると冷や汗が出ました。そんな経験を戒めとし、いつものルーティンの大切さを思い知ったのです。

一般の方は、早発といっても「そこまで重要なことなの」と思うかもしれませんが、そんなことはありません。例えば、11時ちょうどに発車する列車があるとします。もちろん、駅の時刻表にも記載されています。ところが、もし列車が早めに到着して、2分早い10時58分に発車してしまった場合、その2分のために乗れないお客さんが発生します。都心では数分おきに列車が来ますが、例えば「30分に1本の特急に乗りたかった人」には、大きな問題です。これが原因で、クレームがきたとしたら、鉄道会社としては平謝りするしかありませんし、単線区間ではいつもより早く出ると、**正面衝突の危険**まであるのです。実際に、過去にはそういった事故もありました。早発というのは、「定時運転の確保」という鉄道の原則をゆるがす大きなミスとなり、鉄道は、それぐらい「時間を守る」ことに神経質なのです。

ルーティンを極めた先にあるもの

その後、運転士見習、運転士とステップアップする中で、安全への意識は一層高まり、ルーティンを行うことで安心でき、同時にその動作が身体に染みついてきます。運転中の指差称呼はもちろん、勤務中だけではなく前日の体調管理のための休息方法、飲酒は控える、プライベートで悩みをつくらない……といったルーティンを重ね、精神統一が上手になっていくのです。

電車の運転は、運転士の心理状況と非常に密接な関係にあります。気が散ったり、考えごとをすると、その結果はすぐに運転操作に現れます。ルーティン・ワークは、そんな乱れた心を平常心に戻す効果もあります。

幸い、運転室は基本的に1人で、誰の邪魔も入りません。マスコン・ブレーキを動かして本線を走行することは、運転士にのみ与えられた特権です。運動回路リレー音、車掌の出発合図、ブレーキ緩解の圧力音……いつもと同じ音を聞いて、自然と感覚が研ぎ澄まされます。毎日のルーティンを極めた先には、**ひとたび運転席に座ると、意識などせずともコンセントレーションが高まる**という世界が待っています。

もし一度手を抜けば、緊張の糸が切れたように「手抜き」が増えるでしょう。「少しならサボっていいか……」——この手抜きは、雪だるま式に増えていきます。そして、何かミスをしそうになりヒヤッとしたり、あるいは取り返しのつかないミスをしたとき、皮肉にも初めて、ルーティンの大切さに気づくのです。事故の歴史や先人たちの教訓からこのルーティンは成り立っており、それは鉄道にとって大きな財産なのです。

8 ATS（自動列車停止装置）とは？

列車の運転は「運転指令」「駅」「運転士」の**3つの制御系**により成り立っています。運転整理を行う**運転指令**や、信号・転てつ器を制御する**駅**も列車システムの主軸を担いますが、何といっても**運転士**による列車制御というのは、最も直接的で基本的なものです。

ATS（Automatic Train Stop：自動列車停止装置）

列車が速度制限を超えて走行したとき、自動でブレーキがかかり、停止または減速させる装置です。ATSにはさまざまな種類がありますが、以下の3種類に分けて見ていきます。

①ATS-S

前方の信号現示が「停止」であれば、地上子（線路内に設置された装置）からの電波を受信し、警報音が鳴ります。警報音が鳴ってから5秒以内に「確認スイッチ」と「ブレーキ操作」が行われなければ、非常ブレーキが作動します。国鉄・JRグループで採用されてきた初期型です。

②２点間速度照査ＡＴＳ

前方の信号現示が「停止」であれば、列車が２つの地上子間を0.5秒以内に通過すると、非常ブレーキが作動します。地上子の間隔で**照査速度**（列車が速度オーバーして走行していないか測定するための速度）を決め、信号機の直下では信号冒進（停止信号を越えてしまうこと）を防ぎます。

③ＡＴＳ-Ｐ

列車速度と速度パターンを常時照査し、速度超過時には自動で常用ブレーキが作動します。前方の信号機が現示アップすると、パターンが解除されます。①②の場合、確認スイッチを押しても解除後にブレーキをかけなかったり、非常ブレーキが作動すると停車まで解除できないなどのデメリットがありました。ＡＴＳ-Ｐであれば、むやみに減速することなく、①②と比べて「抜け穴」もないので、**最も運転の効率が高くなります**。

その他、ＡＴＳには、信号の現示によるものではなく、線路の条件に対するＡＴＳ、例えば、曲線用、分岐器用、終端用（終点の行き止まり駅で、誤って突っ込まないようにするもの）などもあります。

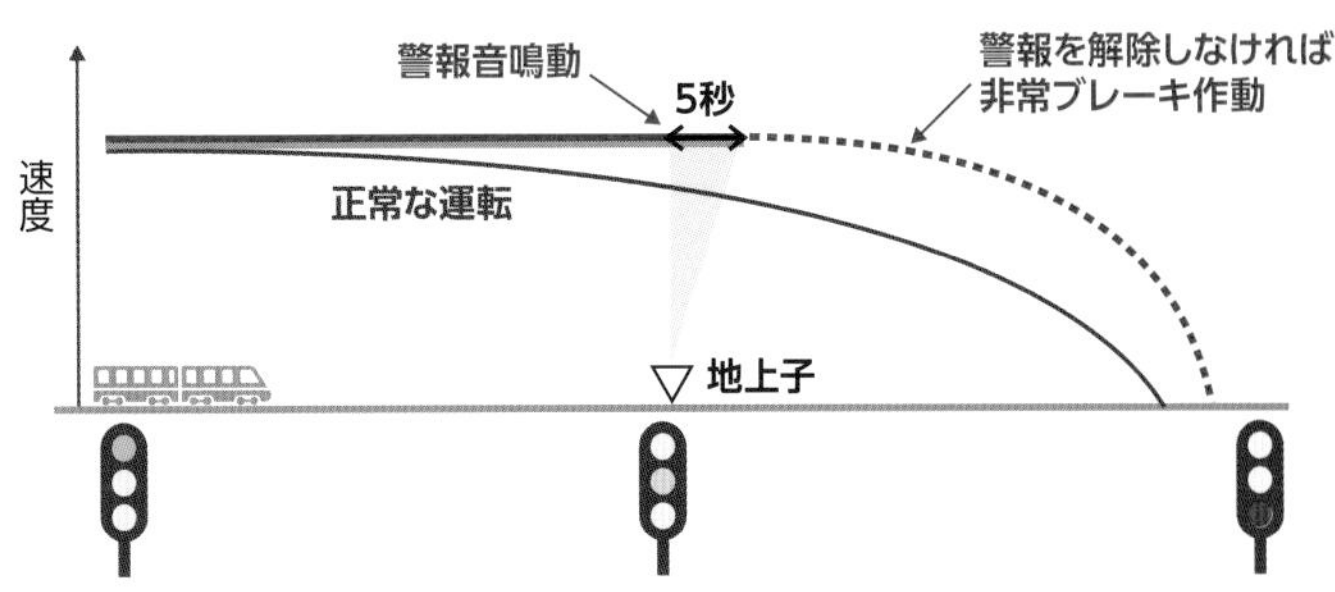

①ATS-S

運転士の確認により警報音を停止することができるので、もし警報解除後にブレーキをかけなければ、速度超過のまま運転してしまう危険があります。

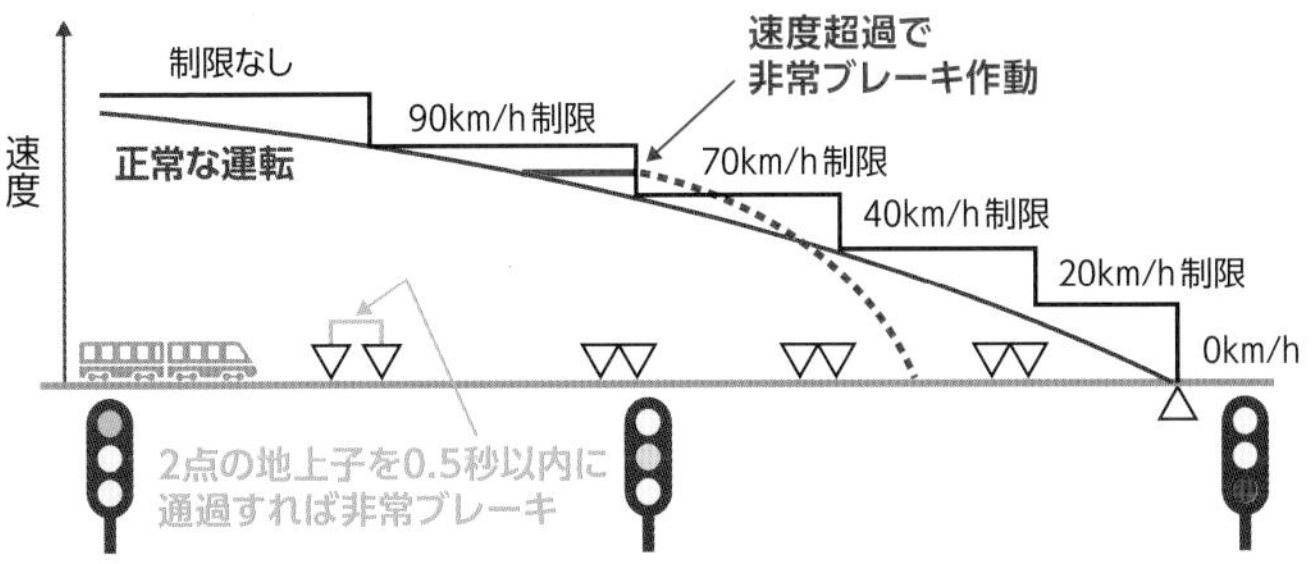

②2点間速度照査ATS

こちらは強制的に非常ブレーキがかかるため安全ですが、一旦完全停止すると必ず大きな遅れが発生してしまうので、定時運行面では不利です。

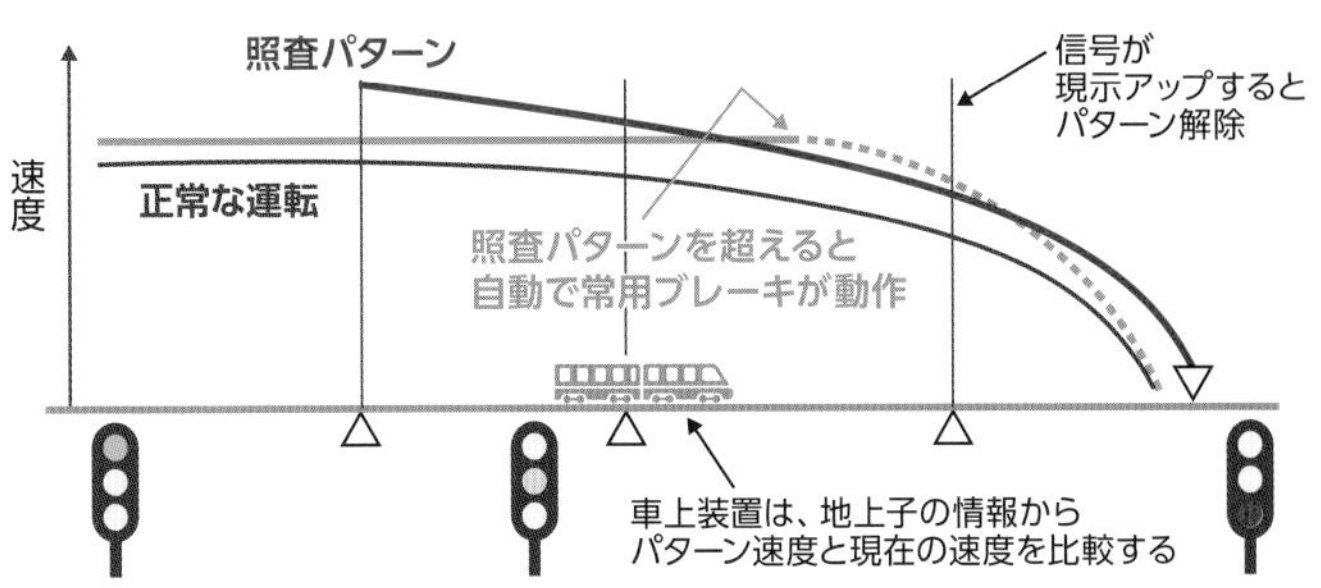

③ATS-P

①、②のデメリットを補うような形であるため、理想的ではありますが、一方で、設備を整えるための費用が高額なのがネックです。

9 ATC（自動列車制御装置）とは？

ATC（Automatic Train Control：自動列車制御装置）

先行列車との間隔や進路の条件にあわせて、自動で列車の速度を制御します。**地上信号方式**によるものと、**車上信号方式**によるものに分けられます。車上信号方式はATC信号電流をレールに伝えることで、車上のATC受信機が読み取り、許容速度を判別します。

①多段式

許容速度が段階的に決められています。5段階程度の各段階において速度を超過すれば、自動で常用最大ブレ

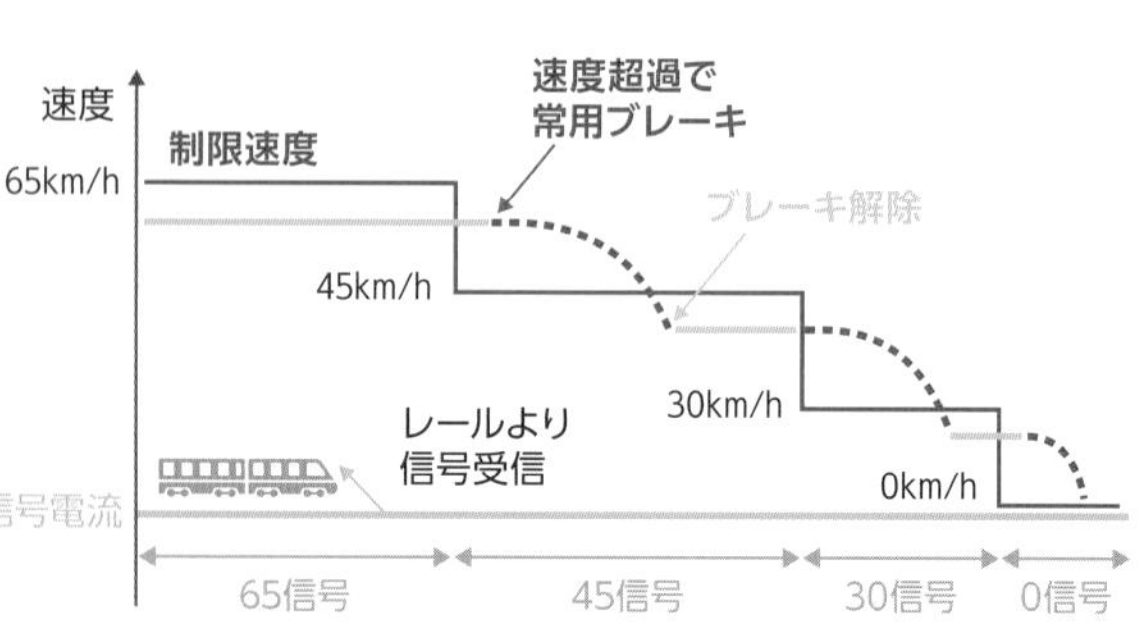

①ATC多段ブレーキ
自動的に速度を抑えるので安全ですが、常用最大ブレーキのゆるめ・込めは乗り心地が悪いので、運転士には制限を予期したブレーキングが求められます。

ーキがかかる仕組みです。大きなブレーキが作動して速度が落ちればブレーキが緩解する（ブレーキがゆるむ）ので、乗り心地が悪くなります。

②一段式

速度段が細かくなっていて、多段式のような段階ごとの減速ではありません。車上装置の演算により、パターンに沿ってブレーキをゆるやかにできます。**先行列車との間隔を詰められるという利点**があります。

③デジタルATC

信号電流から送られた情報を元に、車両のデータベースから導かれた減速パターンによってブレーキ作動させます。**車両性能に合わせたブレーキを行えるのが特徴**です。

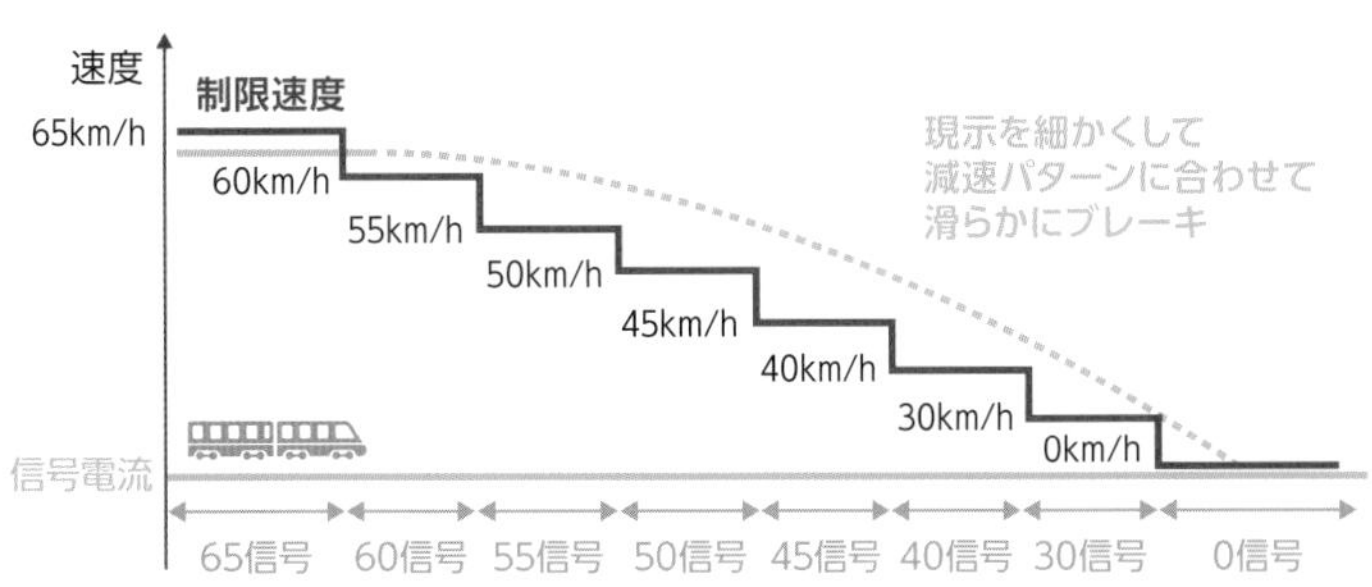

②ATC一段ブレーキ
多段式に比べて細かい速度段であり、ゆるめ・込めを繰り返さないので、ゆるやかなブレーキが可能になります。列車間隔を詰めることもできるので、多くの利点があります。

10 ATO（自動列車運転装置）とは？

ATO（Automatic Train Operation：自動列車運転装置）

減速・加速、さらには定位置停止制御機能（TASC）も持ち合わせており、**運転全般を自動化したもの**です。それだけではなく、定時運転管理や列車群管理など、高度なものも存在します。安全を担保しやすい「高架」や「地下鉄」などで採用されています。

①無人運転（ポートライナー、ゆりかもめなど）

車上ATO装置には、距離や速度などの走行データがあり、それを元に列車を制御します。ATOの運転も、前述のATCに準じて速度制御が行われています。駅手前で列車が地上子を通過すると、距離情報が車上装置に伝わり、速度を落とし、到着時は駅ATO装置も連動して開扉します。

②有人運転（各地下鉄、つくばエクスプレスなど）

運転士は、出発ボタンを押して運転を開始します。出発ボタンは、誤動作防止のため、多くは２個１組になっています。緊急時には運転士が手動運転できるよう、月に数時間程度、ＡＴＣに切り替えて訓練していることも多いです。

なお、**無線**を用いた列車制御システムもあります。ＡＴＳ、ＡＴＣなどの制御システムに対し、無線を用いたものは運転士が信号を確認しません。国内の鉄道において根本的な「固定閉そく」の考え方から大きく飛躍した「**移動閉そく**」という考え方に基づいています。

次の駅
出発駅
列車無線/非常発報
次の駅までの距離、その間のスピードなど、走行データが記憶されており、検出した速度、走行距離を、記憶データを基にした目標に近づくように制御する
ATC装置は、区間ごとに制限速度を設定し、その区間の制限速度を超えないようにしている
距離補正のアンテナを駅の手前や一定距離の地点に設置して、車両で検出している距離の誤差を修正させる
列車無線/非常発報装置
ATO装置
ATC装置
ATCループ線
実際に走る次の駅、その列車の行先など列車の走行に関する制御指令を送る
走行装置から、実走行距離、速度をもらう

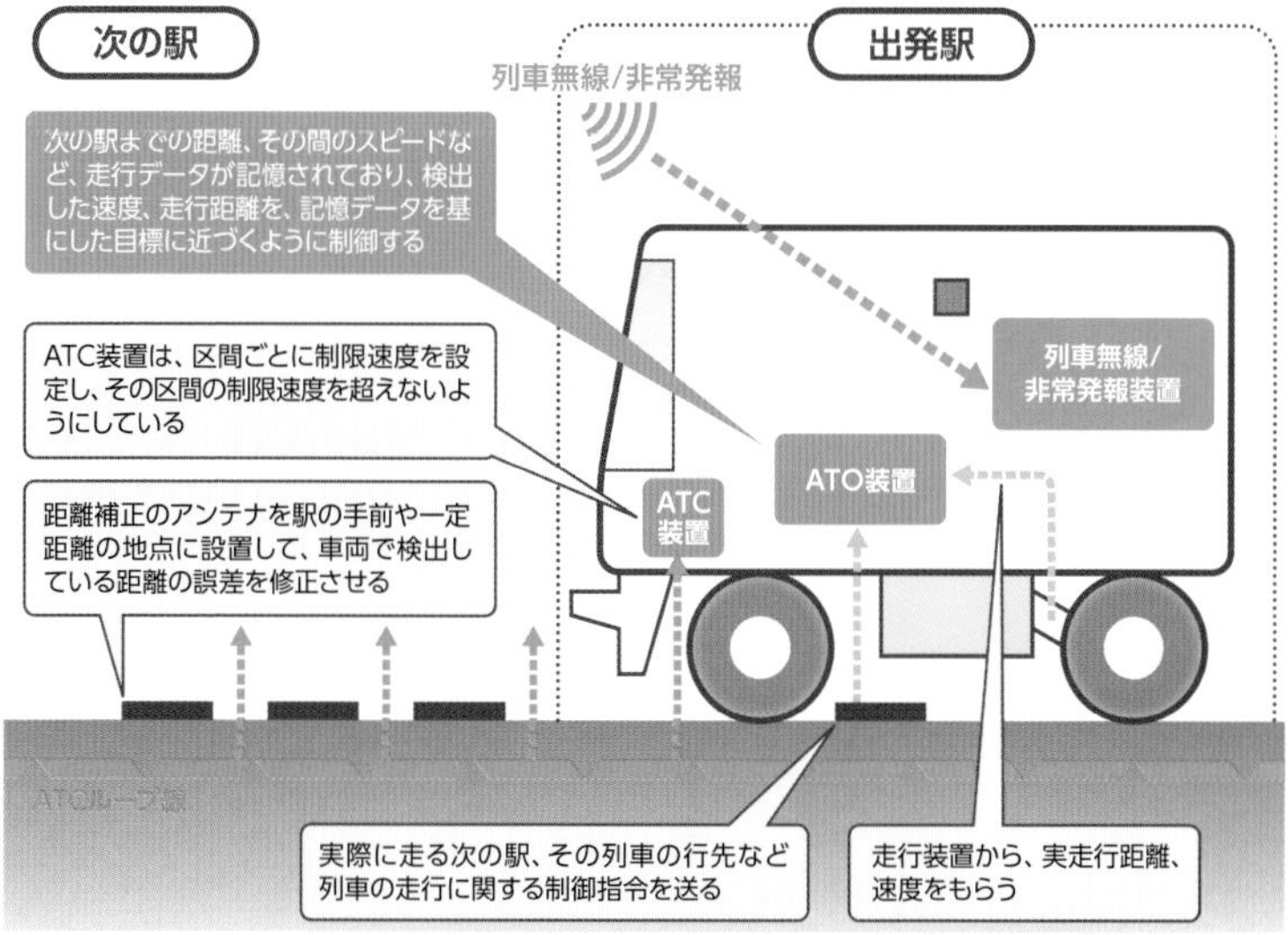

ATO（Automatic Train Operation：自動列車運転装置）の仕組み

参考：「シーサイドラインのしくみ」（横浜シーサイドライン）

（ⅰ）ATACS（Advanced Train Administration and Communications System）

ＪＲ東日本が開発したＡＴＡＣＳは、前述の３つの装置（ＡＴＳ、ＡＴＣ、ＡＴＯ）と異なり、「軌道回路を使わない」で行う列車の保安装置です。列車の在線位置を、無線を介して常時認識し、その位置情報を使って車上装置がパターンを決めて減速します。従来の「固定閉そく」という考え方と違い、「移動閉そく」という考え方なので、今以上の列車本数増加など、効率的な列車運用が期待できます。

（ⅱ）無線式列車制御システム（CBTC：Communications-Based Train Control）

列車と線路脇の誘導ループまたは無線での通信により、地上装置に列車の位置情報を伝えて列車制御を行います。これにより、先行列車との間隔を、より詰めることができます。国内発のＡＴＡＣＳに対し、ＣＢＴＣは海外ですでに多数の実績があります。国内では東京メトロ丸ノ内線や都営大江戸線が導入を計画しています。

ATOの六甲ライナー

神戸新交通の六甲ライナー。お隣のポートライナーとともに、ATO運転を行っています。専用高架を走行しており安全の担保があるので、無人運転を実現しています。

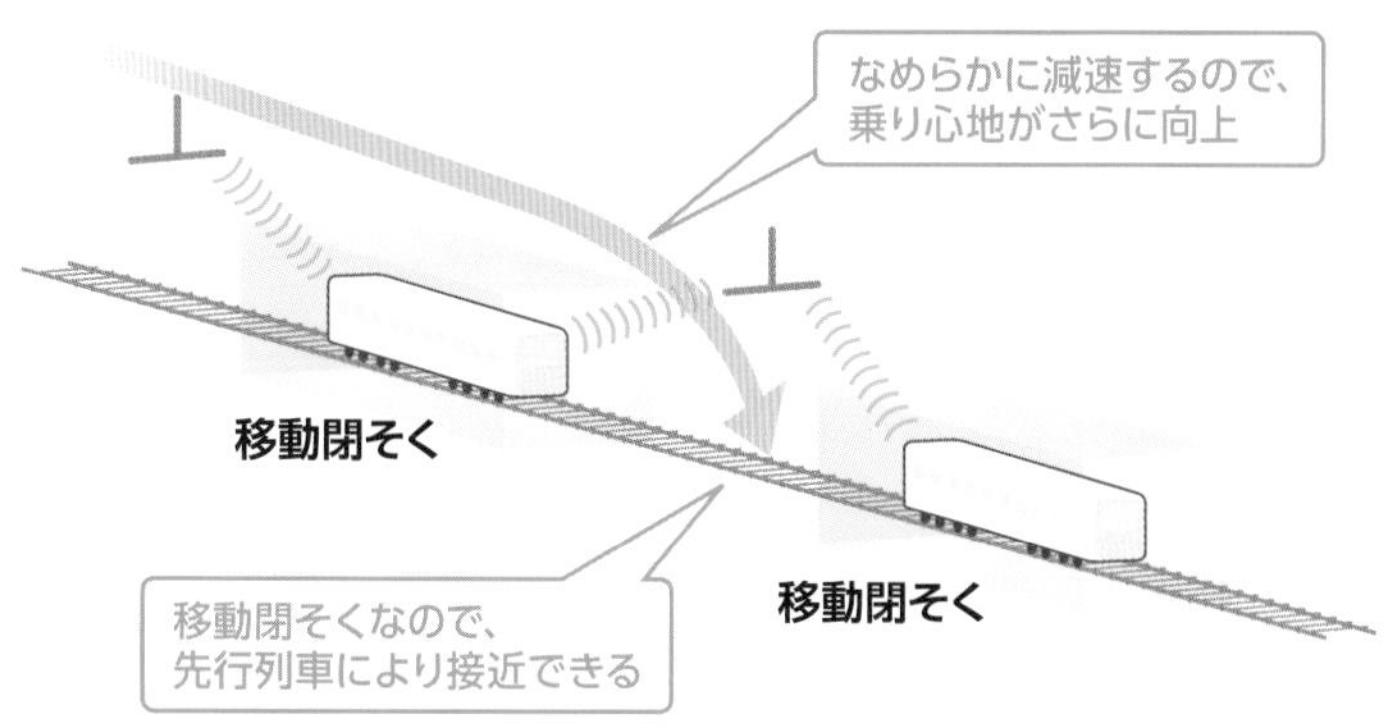
なめらかに減速するので、
乗り心地がさらに向上
移動閉そく
移動閉そく
移動閉そくなので、
先行列車により接近できる

無線式列車制御システム（CBTC）

列車の前後に「移動閉そく」が設けられ、先行列車との距離にあわせて減速します。

参考：「都営大江戸線無線式列車制御システムを全線一括受注」（日本信号）

Column 04

運転士と車掌はどちらが「偉い」？

　このような質問を受けることがあります。何をもって「偉い」というのかわかりませんが、大昔は車掌のことを「**列車長**」と呼んでおり、何とも位の高そうな呼び名だったそうです。確かに「車掌」という名前は、「車（両を）（管）掌（する）」という意味ですから、まさに「列車長にふさわしい」ともいえます。国鉄時代の**電略**（鉄道用語を省略した記号）を由来に、車掌を「**レチ**」（レッシャチョウの略ですが、諸説あります）とも呼びますが、今やすたれ、そのまま「運転士・車掌」や「M・C（Motorman・Conductorの頭文字）」と呼ぶのが主流です。

　近年のキャリアパスとしては、駅員→車掌→運転士というのが一般的で、運転士になることがキャリアアップにも見えます。もちろん、車掌を極める人もいますが、やはり運転士は国家資格であり、将来は指令所や教導運転士への道も開けるので、役職として偉くなれる可能性は高いです。

　このことから、「車掌より運転士のほうが偉い」という印象が、長い年月をかけて根づいていることもあり、昔は、車掌が運転士を発車前に呼びに行ったり、先導してドアを開けたりしていた時代があったとも聞きました。ただ、それは運転士が「偉い」のではなく、「エラそう」なだけですね。

　また、勤務体系の都合で、運転士・車掌の両方をこなせるのがスタンダードだったり、今後は新たなジョブローテーションが各社で検討されて、職名の区分けもなくなるという話もあります。今のご時世、「誰が偉い？」という質問自体が「愚問」かもしれません。

管掌：自分の管轄の仕事として取り扱うこと。

第5章

こんなときどうする？
状況別の運転技術

1 「事故」や「トラブル」が発生したら？

あまり考えたくないことですが、人身事故をはじめとする鉄道の事故やトラブルは、しばしば発生してしまいます。鉄道の事故は「**鉄道事業法**」に基づき、その種類が細かく区分けされています。「**鉄道運転事故**」には、ホームや線路などで人の死傷が生じた「**鉄道人身障害事故**」、踏切で人や車が衝突する「**踏切障害事故**」などがあります。これに対して「**輸送障害**」は、30分以上列車の運休があったもので、鉄道運転事故以外のものをいいます。それでは具体的に細かく見ていきましょう。

人身事故

ご存じの通り、ホームや踏切上などで発生します。線路に立ち入っている人や立ち入りそうな人を発見したら、ただちに非常ブレーキを投入し、**気笛を連打して警告**します（短急気笛数声）。やむなく間に合わなかった場合は、防護無線を送信して指令に通報し、状況を説明します。その後、事故現場の状況を確認し、車両に異常があるかも点検します。

国への報告対象となる事故

法令上の分類はこのようになりますが、列車運行にまつわるトラブルは多種多様です。2018年度における全国「運転事故」の発生件数は676件と、年々減少傾向にあります。

鉄道運転事故	列車衝突事故、列車脱線事故、列車火災事故、踏切障害事故、道路障害事故、鉄道人身事故、鉄道物損事故
輸送障害	鉄道による輸送に障害を生じた事態で、鉄道運転事故以外のもの
インシデント	鉄道運転事故が発生するおそれがあると認められる事態、閉そく違反、信号違反等、信号冒進、本線逸走、工事違反、車両脱線、施設障害、車両障害、危険物漏えい
電気事故	感電死事故、電気火災事故、感電外死傷事故、供給支障事故
災 害	暴風、豪雨、豪雪、洪水、高潮、地震、津波その他の異常な自然現象又は大規模な火事若しくは爆発その他大規模な事故により鉄道施設又は車両に生じた被害

『鉄道事故等報告規則』により定められています。

動物注意標識

山間部の路線では動物事故が頻繁に発生します。夜行性の動物も多く、夜間帯に多発します。

指令が警察・消防に通報しますから、現場での実況見分に立ち会います。多くの場合は事故車を引き上げるための交代の乗務員も現場に来るので、自身は警察署へ行き、事情聴取を受けて、調書ができたら戻ります。「自殺」は輸送障害に入りますが、自殺と確定できなかったものは、鉄道運転事故として処理されます。

その他の異常事態についても、前記の人身事故のように「出会い頭」は運転士の判断が必要になる場面もありますが、基本的に、発生しだい運転指令にすぐさま通報し、情報共有を図り、その後の運転方法の指示を仰ぎます。

自動車との接触

列車と自動車の衝突は、**列車脱線につながる深刻な事故**です。自動車の運転手が危険なのはもちろん、車両や施設故障にもつながります。人身事故と同じく、警察・消防手配は当然ですが、故障した車を引き上げるための**レッカー車**も手配されます。

動物との接触

人ではありませんが、動物との接触も多く発生しています。小動物であれば、さほど運行に影響を与えませんが、山間部を走る列車では、**シカ**や**イノシシ**との接触事故がたまに発生します。

運休時間は人と比べて短いですが、**車両故障などを併発する原因**となります。

設備故障

架線損傷、信号故障、レール破損などの**設備故障**も列車運休の原因となります。クレーン車などが、踏切を横断時に架線を切断したり、トンネルを潜れず橋桁にぶつかって線路を破損したりする事故はときどき発生します。

車両故障

モーターや制御器など、**車両にまつわるトラブル**も発生します。運転士は、車両について故障の応急処置の方法を学んでおり、異常発生時は手順に従い処置します。故障の種類によっては運転台の表示灯やモニターで確認できます。もし、列車が自走できなくなったときは、牽引するために「**救援列車**」が走ることもあります。

鉄道従業員によるミス

あってはならないことですが、鉄道側の故意や過失が鉄道事故につながってしまうこともあります。信号違反、施設障害などです。また、事故が発生する恐れがある案件は「**インシデント**」として、国への報告義務があります。オーバーランや、誤って停車駅を通過してしまう、なども運用の変更につながります。

列車妨害

置石や投石、列車への落書きなどで運転できなくなる場合があります。置石は過去に列車脱線を引き起こすほどたいへん危険です。これらは「**列車往来危険罪**」などで刑法に規定されている犯罪です。

京急の踏切事故

2019年9月5日、横浜市神奈川区にある京急線の踏切で、列車がトラックと衝突し、死者やけが人が出たこの事故は、国内のみならず海外メディアなども多く取り上げ、大きな衝撃を与えました。

写真：EPA＝時事

列車防護

人身事故や「線路に障害物がある」など、列車を停止させる必要があるとき、列車が「非常ブレーキ」で停車するのは当然です。このとき、二重事故を防ぐために「**列車防護**」を行わなければなりません。4－2で列車防護無線装置について説明しましたが、本来、列車防護は乗務員が自ら線路を走り、「**信号炎管**」などを持って、線路を走る他の列車に知らせる方法が基本です。他に**駅での信号抑止**で行ったりもします。

すべての事故やトラブルは、ケースバイケースなので、マニュアル通りにはいかないことが多いのですが、運転士はこのような「もしも」の事故を予期して、運転する必要があります。フェールセーフの原則（1－9参照）でも述べましたが、何か危険を察知したら、「とにかくまずは停止する」のが基本的な考え方です。

2 「地震」や「悪天候」のときはどうやって運転する？

地震

まず、強い地震（震度４以上）が発生した場合は、列車を一旦停止させます。気象庁からの「緊急地震速報」を受信した指令所の警報システムと連動し、列車無線で警報音と「**地震発生、全列車直ちに停止せよ！**」というような警報メッセージが、全列車に自動で一斉通報されます。それを聞いた運転士は、危険な箇所を避けて速やかに停止措置を取ります。

その後、指令の指示で規定速度での注意運転に移るのですが、もし地震が大きく、一定の規定値まで達した場合は、運転を見合わせなければなりません。線路や施設が崩壊する可能性もあるからです。保守係員の安全確認後、異常がなければ、指令の指示により運転を再開できます。

暴風

暴風は、鉄道が最も影響を受けやすい自然災害の一つです。**海の近く**や**橋梁**など、風速が高い

「はしご」状態になった線路

浸水していると、道床が流されてこのような状態になっていることがわからないので、早めに運転を取りやめます。　写真：時事（三陸鉄道提供）

陸閘

鉄道や自治体の担当者とも協力して、このような陸閘は閉鎖されることがあります。大雨の中での作業になりますが、このときには列車はすでに運休している可能性が高いです。

ところは特に運転休止が多くなります。もちろん、強風による列車の転覆や脱線の可能性があるからです。

沿線内にある風速計が**規定値**（**風速25m／sなどが多い**）を超えると、指令所の警報が作動し、列車を停止させます。その後、一定時間、風速が規定値以下になると、規定の速度で徐行や注意運転にて再開します。

再開前に保守係員の点検がある場合もありますが、再開直後は特に「飛来物（ビニール袋など）が架線にかかっていないか」「倒木がないか」を確認しなければなりません。近年は、台風がまだきていなくても、列車運休を予告して取りやめる「**計画運休**」を実施するケースが多くなってきました。

大雨

沿線各地に雨量計が設置されており、暴風時と同じく、**規定値を超えれば運転休止**となります。1時間あたりの時雨量（一定時間内に地表に降る雨の量を合計して算出する雨の量）や24時間の連続雨量など、基準はさまざまですが、台風だけでなく、ゲリラ豪雨時も運休になることがあります。

再開には係員の点検が必要です。雨水を吸い込んだ斜面は、天候が回復していても土砂崩れの危険があるため、雨量計だけで判断するわけではありません。

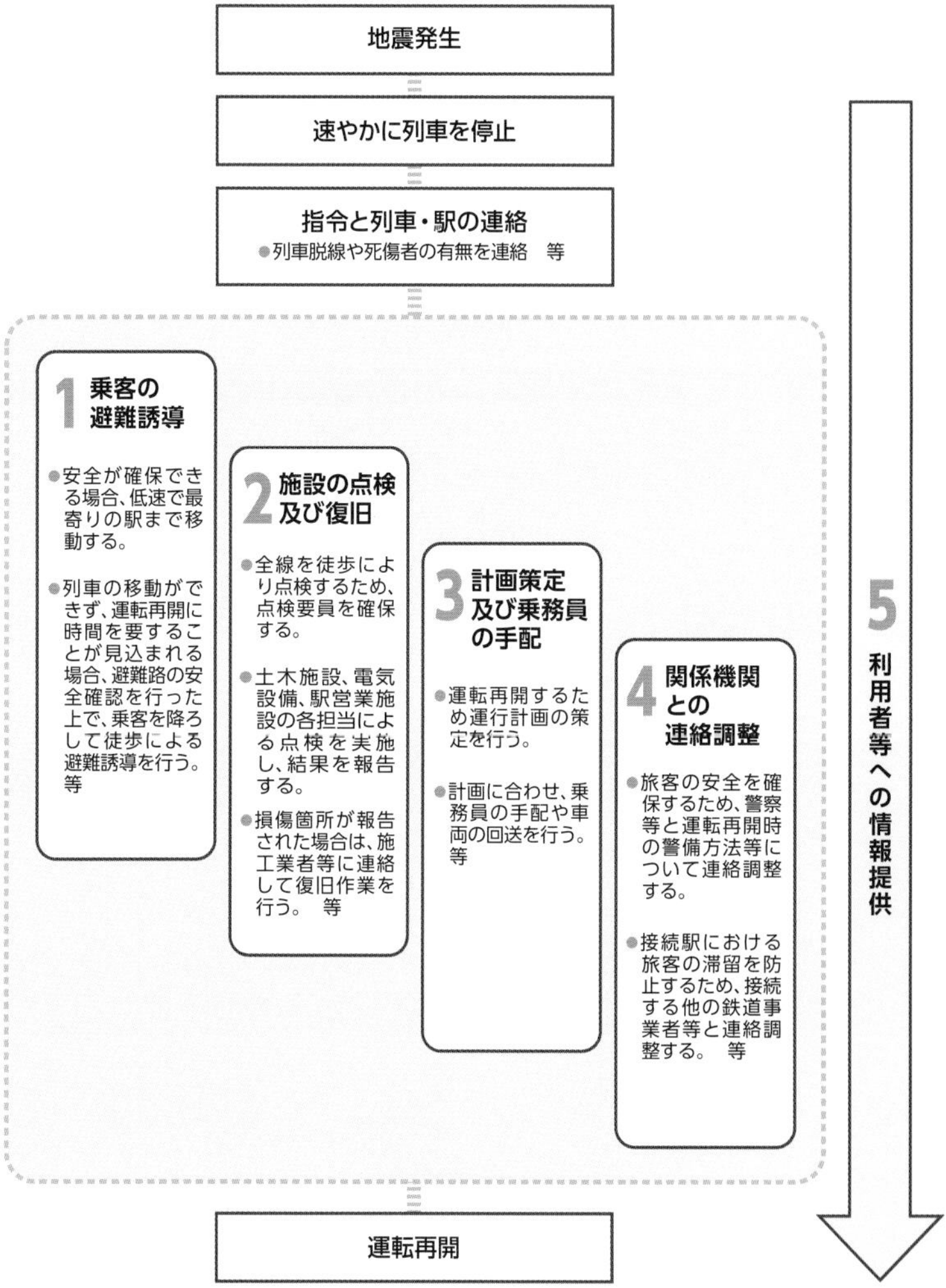

地震発生

速やかに列車を停止

指令と列車・駅の連絡
- 列車脱線や死傷者の有無を連絡　等

1 乗客の避難誘導
- 安全が確保できる場合、低速で最寄りの駅まで移動する。
- 列車の移動ができず、運転再開に時間を要することが見込まれる場合、避難路の安全確認を行った上で、乗客を降ろして徒歩による避難誘導を行う。等

2 施設の点検及び復旧
- 全線を徒歩により点検するため、点検要員を確保する。
- 土木施設、電気設備、駅営業施設の各担当による点検を実施し、結果を報告する。
- 損傷箇所が報告された場合は、施工業者等に連絡して復旧作業を行う。　等

3 計画策定及び乗務員の手配
- 運転再開するため運行計画の策定を行う。
- 計画に合わせ、乗務員の手配や車両の回送を行う。等

4 関係機関との連絡調整
- 旅客の安全を確保するため、警察等と運転再開時の警備方法等について連絡調整する。
- 接続駅における旅客の滞留を防止するため、接続する他の鉄道事業者等と連絡調整する。　等

5 利用者等への情報提供

運転再開

地震時の対応（例）

地震時、沿岸部の路線は津波の危険もあります。状況に応じて指令の判断により、このマニュアル以上の規制がなされる場合もあります。
出典：国土交通省

線路が浸水した場合も、道床が流されて「はしご」状態になってしまう危険があるので、運転を取り止めます。河川の増水によって、堤防より低い位置の**陸閘**（りっこう）（堤防の切れ目）を閉鎖することがあり、その場合、橋梁の線路も同時に封鎖することになります。

濃霧、吹雪

濃霧や**吹雪**は、何といっても見通しが悪く、前方の信号機が見えないことが一番の問題です。ひどいときは**ホワイトアウト**のように、辺りが真っ白になってしまいます。濃霧は寒暖差が激しい春や秋、吹雪はもちろん冬に発生します。信号の確認距離が50ｍ以下で「運転見合わせ」などの基準があります。

雷

雷鳴が激しい場合も、列車を動かすことができません。珍しいことですが、過去には**電車に落雷が直撃**するという事故もありました。落雷による架線損傷の危険もあるため、**パンタグラフを降下させて、安全な箇所に停止**する必要があります。

3

「列車火災」「沿線火災」「停電」が発生したらどうする？

列車火災

列車火災が発生した場合も、当然のことながら通常運転を継続できません。多くは漏電などが原因ですが、２０１５年６月に発生した東海道新幹線内火災のように、放火の場合もまれにあります。

列車火災発生時は指令通報後、一旦、車両の電源を切り、乗務員は旅客の避難誘導に努めます。車内に消火器を置いているので、消火活動を行い、鎮火しない場合は、車両を開放する措置も検討します。

最も恐ろしいのは**トンネル内での列車火災**です。火や煙の逃げ場がなく、乗客や乗務員も八方塞がりとなり、たいへん危険です。万が一発生した場合、**列車は速やかにトンネルから脱出**しなければなりません。

沿線火災

線路付近で発生する**沿線火災**は、列車火災ほど珍しくありません。こちらも、炎が線路設備を壊したり、煙で前方が視界不良になることで、運休を余儀なくされます。この場合、当該区間を含んだ運休区間が決められ、列車の運転を取りやめます。

珍しいケースは、２０１７年９月に小田急線の参宮橋駅付近で発生した沿線火災です。現場近くの踏切で非常停止ボタンが押されて障検ＡＴＳが動作し、列車は**たまたま火災現場の真横に自動停止**してしまいました。その後、車両に火が燃え移

沿線火災
2017年9月に小田急線の参宮橋駅付近で発生した沿線火災。沿線施設と鉄道線路は意外と密接しており、列車だけではなく鉄道施設にも被害が広がってしまいます。　写真：時事

ってしまったのです。

本来、火災時は安全な箇所に停止するのが何よりも大切ですが、規模や発生場所など、さまざまなパターンが考えられるので、指令の判断を仰ぐことになります。

停電時

電車は電気で運転しているので、停電することはもちろんあります。鉄道の変電所や電力会社側のトラブル、はたまた特定の列車の故障によって、他の列車が停電することもあります。

停電が発生しても、走行中の列車は、突然、非常ブレーキで停車するわけではありません。停電といっても、基本的には「力行ができなくなる」だけなので、運転士は適当な場所を選んで停止します。瞬時停電などであれば、すぐに電気が送電されるので運転再開が可能ですが、き電区間内の列車すべてが一斉に運転再開すると負荷がかかるので、通電後は**上りと下りで時間差をつけて再開**します。ノッチ進段もいきなりフルパワーではなく、しばらくは**直列・2N**で力行します。

「エアセクション」は停止厳禁

列車には、いくつかの変電所から架線を通じて電気が送られますが、そのいくつかある架線どうしには継ぎ目があります。その重なり部分を「**エアセクション**」と呼び、列車はこの区間内に停止してはいけません。それぞれ、き電区間にいる電車の数も違えば、電圧も違います。もし停止して力行すれば、**架線溶断の危険**があります。そのため線路には「区間内に停止してはいけない」ことがわかるように**エアセクション標識**が掲出されています。

また、異なる電気方式（交流・直流）に切り替えるため、給電されていない区間があり、これを「**デッドセクション**」といいます。デッドセクションも、区間内に停止してはいけません。

エアセクション標識

エアセクションがあることを表す標識の一例。セクション終了箇所付近には「〇両クリア」などと表記されており、その両数が制限区間を抜けたことを示します。

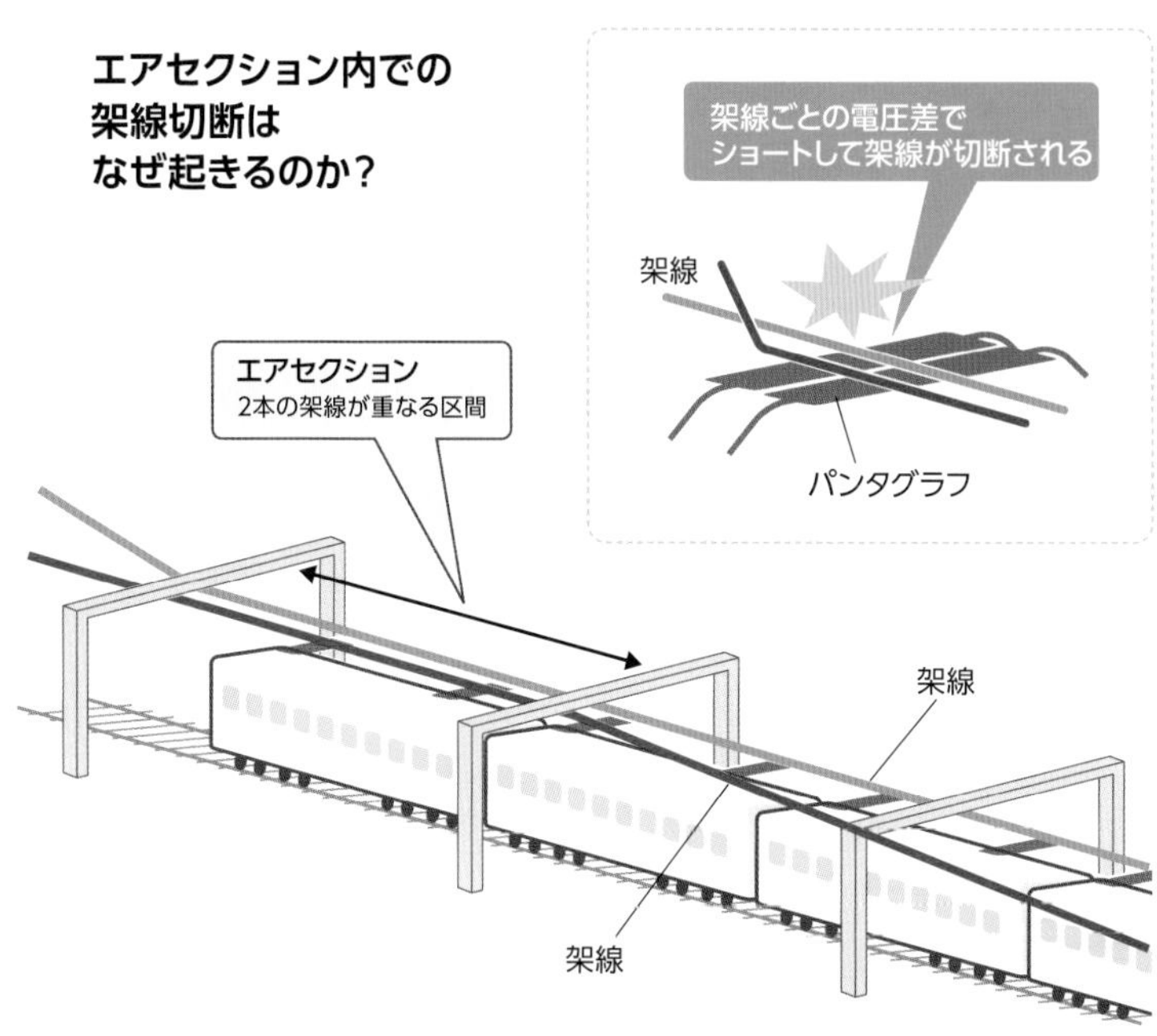
エアセクション内での
架線切断は
なぜ起きるのか?
架線ごとの電圧差で
ショートして架線が切断される
架線
パンタグラフ
エアセクション
2本の架線が重なる区間
架線
架線

架線切断

架線ごとの電圧差によって、ショートして切断されてしまいます。このようになってしまったら、復旧には相当な時間がかかり、列車運休は避けられません。

参考:「JR神戸線の架線切断、二重三重の対策生きず」(日本経済新聞)

火災発生時

- トンネル外への脱出に努める
- 安全な場所を選定して停止
- パンタグラフ降下
- 列車防護と転動防止
- 車掌と協力して、乗客の避難誘導や負傷者救護
- 車内の消火器を使い、消火活動
- 消火できない場合、車両を切り放す
- 適宜、指令などに報告

4 「普通」「急行」「特急」「回送」で運転はどう違う？

普通

普通列車は、次の駅まで高速で運転したとしても、すぐにブレーキをかけなければならないため、特急のような速度は求められません。駅間距離が短い場合は、中速域までの運転ばかりになったりもします。また普通列車は停車駅が多い分、停車ブレーキの回数が多くなります。それだけではなく、停車によって発生するリスク（停車駅通過、オーバーラン、早発、乗車による遅延発生など）を多く抱えます。また「ブレーキ時の技術」が試される機会が多いので、仮に遅延していた場合は、「**力行よりも停車ブレーキで遅延を回復する**」という技術が問われる場面です。

優等列車と待ち合わせするような路線の場合（**3－8**参照）、普通列車は「追われる立場」にありますから、「自分の遅延のせいで後続列車にイレギュラーな信号現示を見せたくない」という心理になります。

急行、特急

特急列車では、普通列車とは反対に停車ブレーキが少ない分、**力行や惰行での運転技術**が求められます。通過駅などをチェックポイントに、「定時で通過できたか」や「惰行で○km／hで駅を通過」という具合に見ていきます。

一度出発すれば、数十分は停車しない列車もあり、なかなか気を休めるときがありません。「ホッと一息つける」のは、駅に停車している数十秒間なので、普通電車に比べて停車駅間が長い特急は、気を張っている時間も長くなります。

高速域からのブレーキも、たいへん難しいものです。距離感がつかめない分、安全

特急列車
2階建て部分に運転台がある小田急電鉄のLSE（Luxury Super Express）車両。このような二階建て車両には、専用の階段やはしごを使って登ります。

策として手前からブレーキしがちです。

事業者によっては、**有料特急は専用車両が多い**のも特徴です。2階席に運転台があるような車両は、一般的な通勤列車と比べて停車時の位置感覚が異なったり、体感の減速度が少し低く思えたりもします。ちなみに、小田急電鉄の場合、ロマンスカーの運転士になるには、一般の運転士になった後、3年の乗務経験を経てから、試験に合格する必要があるようです。

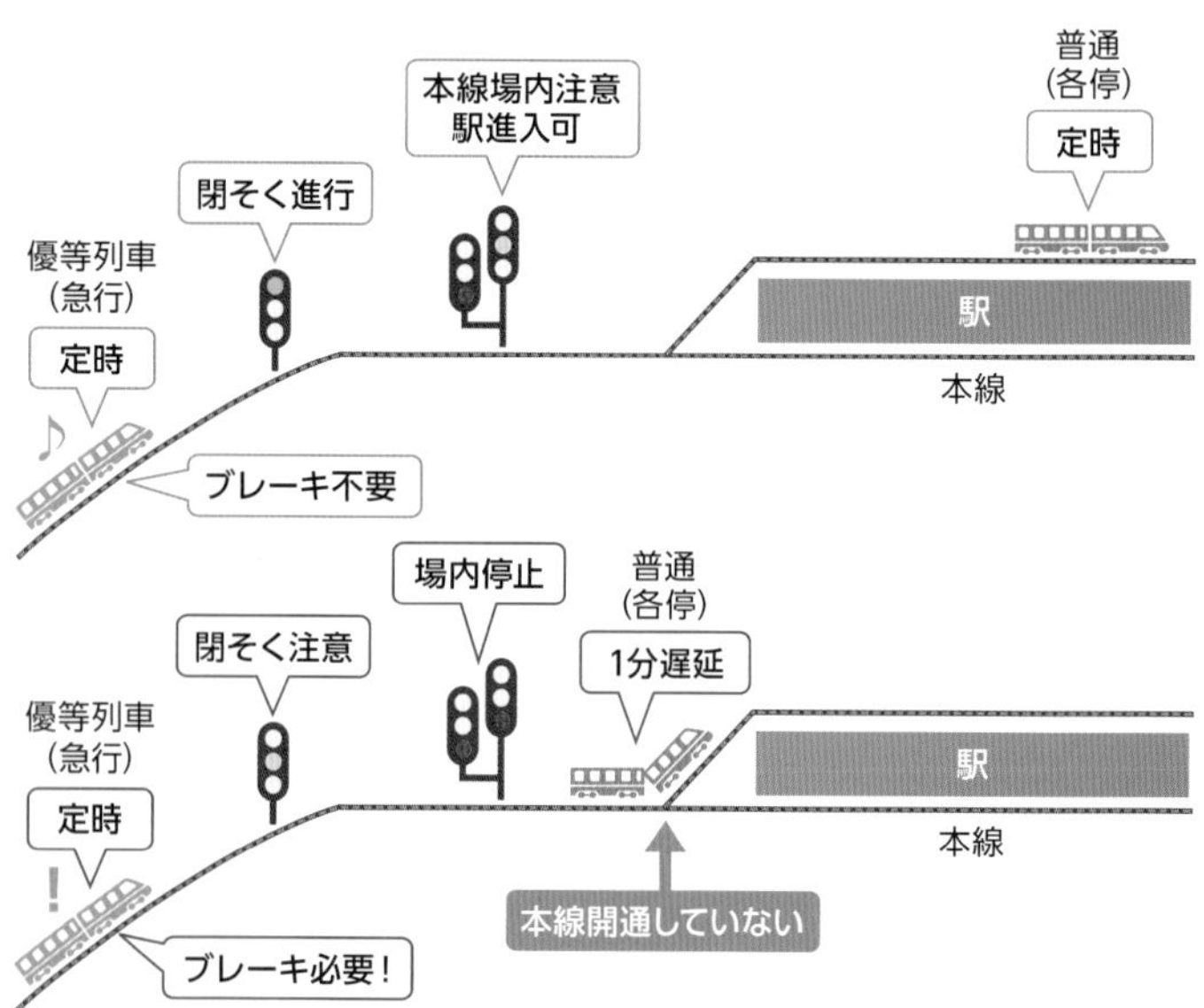

普通列車が遅れたときの、後続の優等列車に対する信号現示例

もし普通列車が遅れてしまえば、後続の優等列車にも影響が出てしまうことがわかります。実は普通列車はダイヤを守る上で重要な存在です。

回送

回送列車は「乗客がいないので簡単そう」と思えるかもしれません。確かに、変なプレッシャーなしに運転できるといえばその通りですが、違った難しさもあります。

1つは**特急停車駅の通過**です。すべての営業列車が停車する駅なので、回送で通過するとき、**普段は気にかけない制限速度**が駅構内にあったりします。また、**運転停車**といって、先の踏切を正しく降下させるために、乗降客がいなくても停車しなければならないこともあります。

ダイヤが極端に「寝ていたり」、「急に立ったり」していることがあるのも回送の特徴です。「回送だから」といってのんびり走っていると、実は先行の駅で普通列車が通過待ちをしていたり、先の踏切を長い間遮断してしまったりする問題も起きます。回送は、通常のパターンではない種別である分、事前にダイヤ上で前後の列車情報をチェックして乗務します。

5 ワンマン運転は乗降・安全確認の負担が大きい

ワンマンとは、その名の通り、運転士が1人で乗務することです。そのため、本来、車掌が行っている**運賃収受**や**ドア開閉**も運転士が行わなければなりません。

無人駅があったり、自動改札機がない路線では、車内に運賃箱を設置したり、定期券を提示する場合、運転士のいる先頭車両を経由して乗降することで不正乗車を防ぎます。その場合、限られたドアのみ開閉します。都市型のワンマンでは、各駅に自動改札機があるので、すべてのドアを開閉できます。

車内放送は、自動の場合が多いのですが、補足的に車内マイクで案内することもあります。

ワンマン運転はさまざまなことに気を取られがちです。ツーマン以上の場合は、運転に集中できますが、ワンマンでは、旅客対応や安全確認などがある上、**車掌がいないので、運転時間の管理も1人**で行います。そのため、注意散漫になったときは要注意です。意外なところでは、次の担当列車の時間遅れや、泊まり勤務の寝過ごし、などにも気をつけなければなりません。

ワンマン運転は、もともと閑散区間などで短い編成の場合が多く、通常は「**運転士のみで乗降・**

安全確認ができるのは2両」とされています。しかし、運転席のモニター越しに乗降確認を行うことで、3両以上の編成にも拡大していく流れがあります。人手不足と機械化によって、今後はワンマン運転が、もっと一般的になるかもしれません。

東武大師線のワンマン車
東京23区内でも、場所によってはワンマンを見ることができます。

ワンマン運用区間にあるホームセンサー
ワンマンでは車掌がいない代わりに、ホームセンサーなどを併用して、異常があればすぐ停止できるような安全対策を行っています。

ワンマン用のミラー
発車して動き出したときに、ホーム上の旅客に接触しないかなど、列車起動時のホーム上に異常がないかどうかを、ミラー越しに運転士が確認します。

6 雨天時は「空転」「滑走」を避けるため慎重に運転する

雨天時の列車の運転は非常に難しく、憂鬱なものです。なぜなら、「空転」「滑走」（1－12参照）といった不安が常につきまといながらの運転になり、乗客が駅ホームの屋根のある箇所に集中して、動きがスムーズでなくなるからです。これにより、全体的に遅れ気味になってしまうのです。そこで運転士は、雨天時、具体的にどのような工夫をして運転しているのでしょうか？

「空転」とは車輪の空回りですから、通常時は「全力で力行する」ところが空回りとなってしまいます。そこで「**刻みノッチ**」というテクニックを使います。特に抵抗制御などは、1N→2N……と少しずつ行い、モーター電流を一気に出さないよう、段階的なノッチ操作を行います。さらに、「**止めノッチ**」という、1N→2N→1Nと、「普段は自動のカム進段を、意図的に調節する」というテクニックを使う運転士もいます。

これに対してVVVF制御は、空転検知装置があらかじめ電流を下げて、空転しないよう出力が調整されるなどしますので、抵抗制御と比べて、刻みノッチの効果は大きくありません。

ブレーキ時は、雨天時の滑走によりブレーキ距離が伸びることを述べましたが、当然ブレーキも工夫します。前述しましたが、「**雨降り3本、雪5本**」という言い回しもあります。これは、「普段ブレーキをかけている箇所よりも、鉄柱で3～5本分早く開始するほうがよい」ということです。自動車の運転でも、「雨の日は滑るので、早めにブレーキをかけましょう」といわれます。鉄

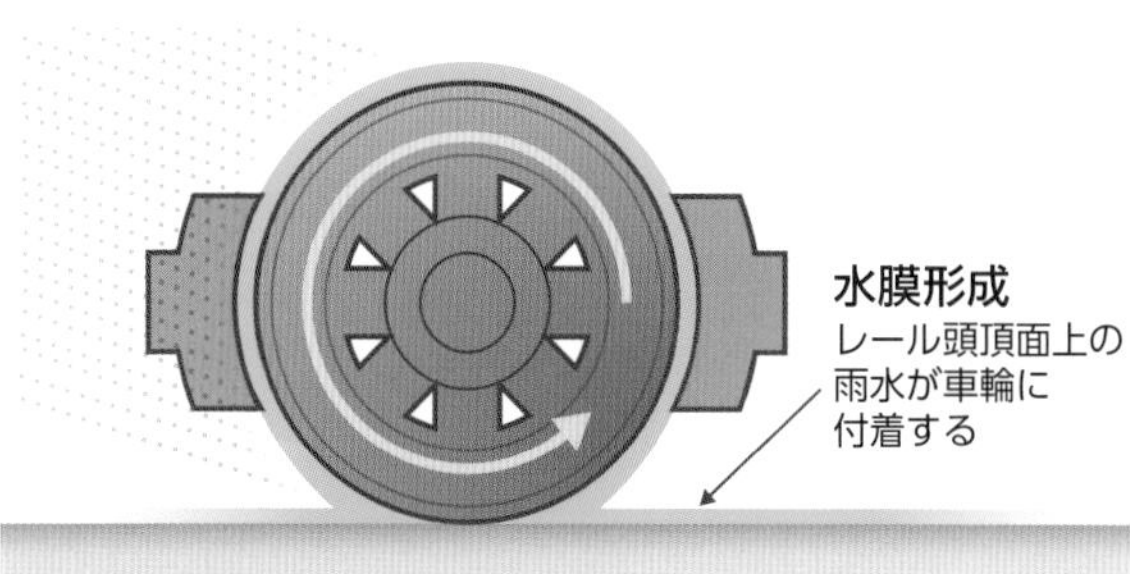

雨の日に滑る理由

この水膜ができることで粘着係数が低下し、空転の原因をつくってしまいます。雨の降り始めはレールの汚れが浮き上がり、余計に滑りやすくなるので要注意です。

雨の電車

雨の日の運転というのは憂鬱なものですが、多くの難題があるからこそ、運転士にとっては腕の見せどころともいえます。

道においても同じことがいえます。これを自動車以上に心がけていなければなりません。また、滑走時は、車輪がロックしてレールを進んでいくので、車輪が削られて一部が平らになってしまいます。この箇所を「**フラット痕**」といい、その後、通常通りに車輪が回転すると「ダンダンダンダン」と大きな音が鳴ります。こうなると、検査時に車庫で車輪を磨いてもらうしかないのですが、運転士にとっては「下手な運転」とも取られかねないので、なるべくこのフラット痕をつくりたくありません。

滑走を防止するには、慎重にブレーキをかけるしかありません。高速かつ減速度が高いほど、滑走する恐れがあります。普段であれば一気に高速域から大きなブレーキをかけますが、滑走の恐れがあるときは、早めに少しずつブレーキを込めることで、長いブレーキ距離を持ちます。「滑走する」と感じたら、ゆるめられるぐらいのゆとりを持った運転で、オーバーランもフラット痕も防ぎます。

新しい車両には「**フラット防止装置**（ABS）」が備えつけられているので、自動で緊締、緩解がこまめに行われ、車輪のロックによる滑走、およびフラット痕を防ぎます。

また、豪雨のような場合は、列車が運休する可能性もあります。決まった駅に備えつけられている雨量計が規定量を超えれば、その区間の運転は取りやめとなります。もちろん、前方の視界も相当狭くなるので、総じて雨天時は、余裕を持った運転を心がける必要があります。

7 降雪時は雪でブレーキが効かなくなることもある

雪の日の運転は、雨天時よりもさらに難しくなります。視界が悪く、前述したように「雪5本（雪の日は普段ブレーキをかけている箇所よりも、鉄柱（電化柱）で5本分早く開始するほうがよい）」という言い回しを実感します。私は、積雪時の運転は数回ほどしか経験がありませんが、**ブレーキは驚くほど効かない**ので、停車ごとにヒヤリとする思いをしました。本当にスーッと、スケートのように滑るのです。

雪が降ると止まらない原因は、レールの雪により粘着力が小さくなることが一つですが、さらに怖いのが、**車輪と制輪子の間に雪が噛んでしまう**ことです。こうなると、ブレーキ時に車輪を緊締しなくなるので、空気ブレーキが効きません。そこで使われるのが「**耐雪ブレーキ**」です。

耐雪ブレーキは、ブレーキ時に使うものではありません。スイッチを常時投入することによって、少ないブレーキ圧力を常に入れておき、制輪子が車輪に常時密着するようにします。こうして、**雪が入れない状態をつくる**のです。

寒冷地では、車両が雪国用の制輪子を履いていたりもします。耐雪ブレーキ投入の判断は、主

融雪カンテラ
雪の日の凍結による分岐器の不転換は信号不点灯の原因となり、運行に支障をきたします。他に電気によって温めるタイプのものもあります。

に運転士が行います。少しでも積もれば、雪を巻き上げる可能性もあるため、早めの投入が安心でしょう。

雪の日は空気ブレーキが頼りない分、電気ブレーキが非常に重要になってきます。もし電気ブレーキが失効したなら、迷わずブレーキ追加です。というより、すべてにおいて慎重な判断を重ねるのが雪の日の運転です。

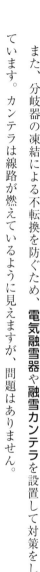

また、分岐器の凍結による不転換を防ぐため、**電気融雪器**や**融雪カンテラ**を設置して対策をしています。カンテラは線路が燃えているように見えますが、問題はありません。

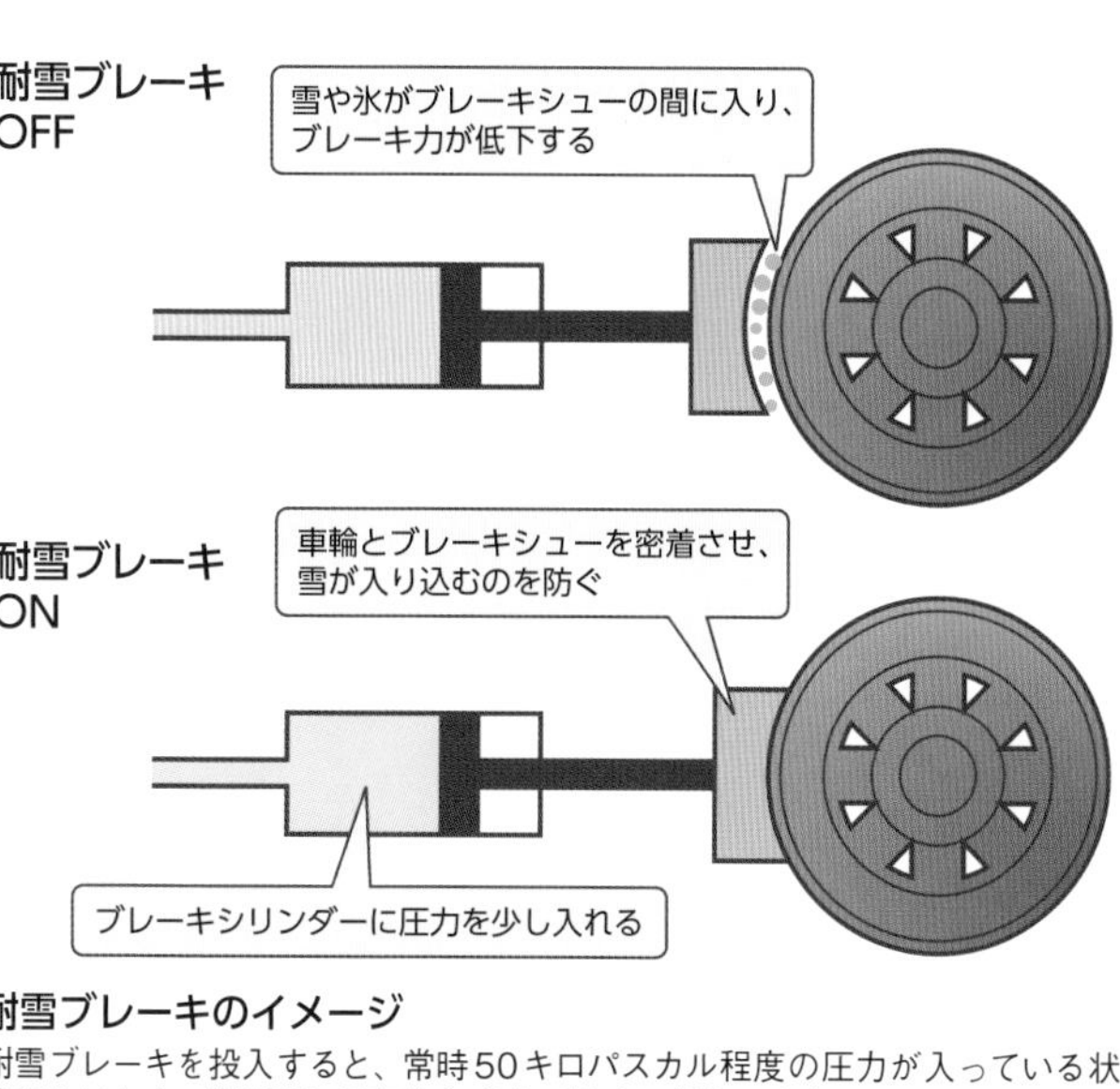
耐雪ブレーキ
OFF
雪や氷がブレーキシューの間に入り、
ブレーキ力が低下する
耐雪ブレーキ
ON
車輪とブレーキシューを密着させ、
雪が入り込むのを防ぐ
ブレーキシリンダーに圧力を少し入れる

耐雪ブレーキのイメージ
耐雪ブレーキを投入すると、常時50キロパスカル程度の圧力が入っている状態になります。降雪時には安全を考えて早めに投入します。

雪の電車
特に都心部では、降雪時の運転は滅多にありません。また積雪量も刻々と変化するので、直前に担当した運転士から情報共有してもらうなど、細心の注意を払います。

8 ラッシュ時の運転は運転士も勝負時

利用客にとってつらいのが通勤時間ですが、それは運転士も同じ気持ちかもしれません。私は「何とか上手く乗りこなすぞ！」という心意気で挑んでいましたが、「普段と違うから嫌な時間だ」という運転士も少なくありません。

ラッシュ時は大人数が乗車するので、空車時よりも数十トン単位で列車重量が違います。ただ、現在多くの列車では「**応荷重装置**」が備えられ、台車上にある空気バネの負荷を計算して、**満員でも通常と同じブレーキ力が得られる**ので、そこまで大きな変化はありません。

加速時も、同じく混雑に合わせて電流を増やしますが、車両によって補正が甘かったりもします。ちなみに応荷重装置の機能によって、運転台モニターを見れば、乗車人員の概数がわかるものもあります。

駅の時刻表を見てもわかるように、平日の朝は特に多くの本数の列車が走ります。つまり、同じき電区間でたくさんの列車が電力を使うわけで、**架線電圧が降下したときには電車が思うように加速しない**ので、先の運転計画も余裕を持たなければなりません。

また、ラッシュ時は日中の基本パターンとは異なるので、信号現示や駅進入番線も普段と違ったり、連結解放などがあったりして、イレギュラーなことばかりです。そのため、担当前の予習が欠かせません。ちなみに、ラッシュ時は乗降が多いため、あらかじめ遅延を見越し、**日中の運転時よりも各駅の停車時分（停車所要時間）に余裕を持たせたダイヤ**になっています。

ラッシュ時

ラッシュ時の運転というのは、ホームでの接触や乗客のトラブル、急病人などが発生しやすい時間帯なので、定時運行だけではなく、多くのことに気を遣います。

9 早朝の「始発列車」は運転時に特有の注意事項がある

早朝、特に始発列車の運転はどうでしょうか？始発の列車は「**一番列車**」と呼ばれており、読んで字のごとく、その路線をその日初めて走る列車です。前日の終電後は、列車の往来がない時間帯が数時間あった状態なので、例えば、倒木や道床の陥没などの線路支障、架線支障が発生している可能性も、少なからずあります。天候が悪かった翌朝などは、特に警戒が必要です。

また、前夜に線路閉鎖（点検作業や線路付替などのために停止信号を現示し、進入を防ぐ）による作業が行われた後には、**工事用車両や作業具が誤って放置されているとたいへん危険**です。

濃霧
早朝からラッシュ時間帯にかけて発生することがある濃霧。自然現象なので根本的解決は難しく、シーズン中には気象情報などに注意する必要があります。

列車がそれに衝突した場合は、脱線などの大事故となってしまうこともあります。記憶に新しいところでは、２０１９年に横浜市営地下鉄ブルーラインの下飯田駅で発生した脱線事故です。この事故は、**横取り装置**を取り外し忘れて、一番列車がそれに乗り上がり、脱線してしまいました。

信号の現示についても同じく用心しなければなりません。例えば、信号系統の不具合や線路の破損などにより、**閉そく信号機がR現示**をすることも稀にあります。この場合も、始発列車の運

横取り装置
保線車両のために、本線側に進むはずの進路を分岐側に「横取り」するものです。もちろん、一番列車の通過前に除去しなければ、たいへん危険です。

転士が第一発見者となるので、見つけしだい列車を停止し、指令所に通報する手配をします。

始発列車には、こういったトラブルを予期した運転が特に求められます。したがって運転士は、通常運転時の前方注視義務よりも、より一層の注意を払って運転します。少しでも危険を感じたり、何か疑わしい事象があれば、迷わずブレーキをかけて停車しなければならないのです。

ちなみに、線路内だけでなく、**車両も故障が発生しやすいのが早朝の時間帯**です。車両は前日の終電後、電源を落として停泊するので、起動後に電気系統の異常を感知することも珍しくありません。

横浜市営地下鉄ブルーラインの下飯田駅付近で脱線した車両

この事故も早朝5時台の出来事でした。横取り装置を原因とする脱線というのは、この横浜市営地下鉄の事故だけでなく、過去にも多く発生しています。

写真：時事（横浜市交通局提供）

10 「金曜日の深夜」運転で注意しなければならないこと

金曜日の深夜の列車というのは、ご想像の通り、鉄道駅や列車内に酔っ払った人が多く乗車してきます。「**酔客**」と表現することが多いのですが、ここで注意したいのは**ホームからの転落事故**です。国土交通省が発表している「駅ホームからの転落に関する状況」によると、2018年度のホームからの転落の要因別件数2789件のうち、酔客はなんと1744件にものぼります（次ページの**図**参照）。この中には、運悪く列車と接触することもあり、最悪の場合は人身事故で死に至ってしまうというケースもあります。

この時間帯は、転落に至らなくても、ホーム端をふらついたり、ホームから顔を出して線路に向けて嘔吐（おうと）している人を多数見かけます。同じく国交省の「ホームにおける人身障害事故の情報」によれば、曜日別の酔客による人身障害事故件数は、**金曜日の23時台が最も多い**のです（217ページの**図**参照）。

近年はホームドアを設置したり、ホーム上のベンチの向きを対面式に変更するなどの効果もあって、年々減少傾向ですが、それでもまだまだ多くの事故が発生しています。

運転士は、このような**酔客の動向を予期してホームに進入する必要**があります。例えば、停車ブレーキをいつもより早めに開始し、ホーム進入も通常時より低い速度で行います。万が一危険な酔客を発見した場合は、非常ブレーキを投入してでも、なるべく手前で停車できるようにします。あわせて、ホーム進入前に警笛を一声吹鳴することで、ホーム上の旅客に列車の接近を知らせて、少しでも転落や接触のリスクを減らします。

他にも、酔っ払って終点まで乗り過ごした乗客への対応、嘔吐物の処理など、副次的なトラブルが多く、運転士をはじめとする鉄道従業員にとっては**頭の痛い時間帯**なのです。

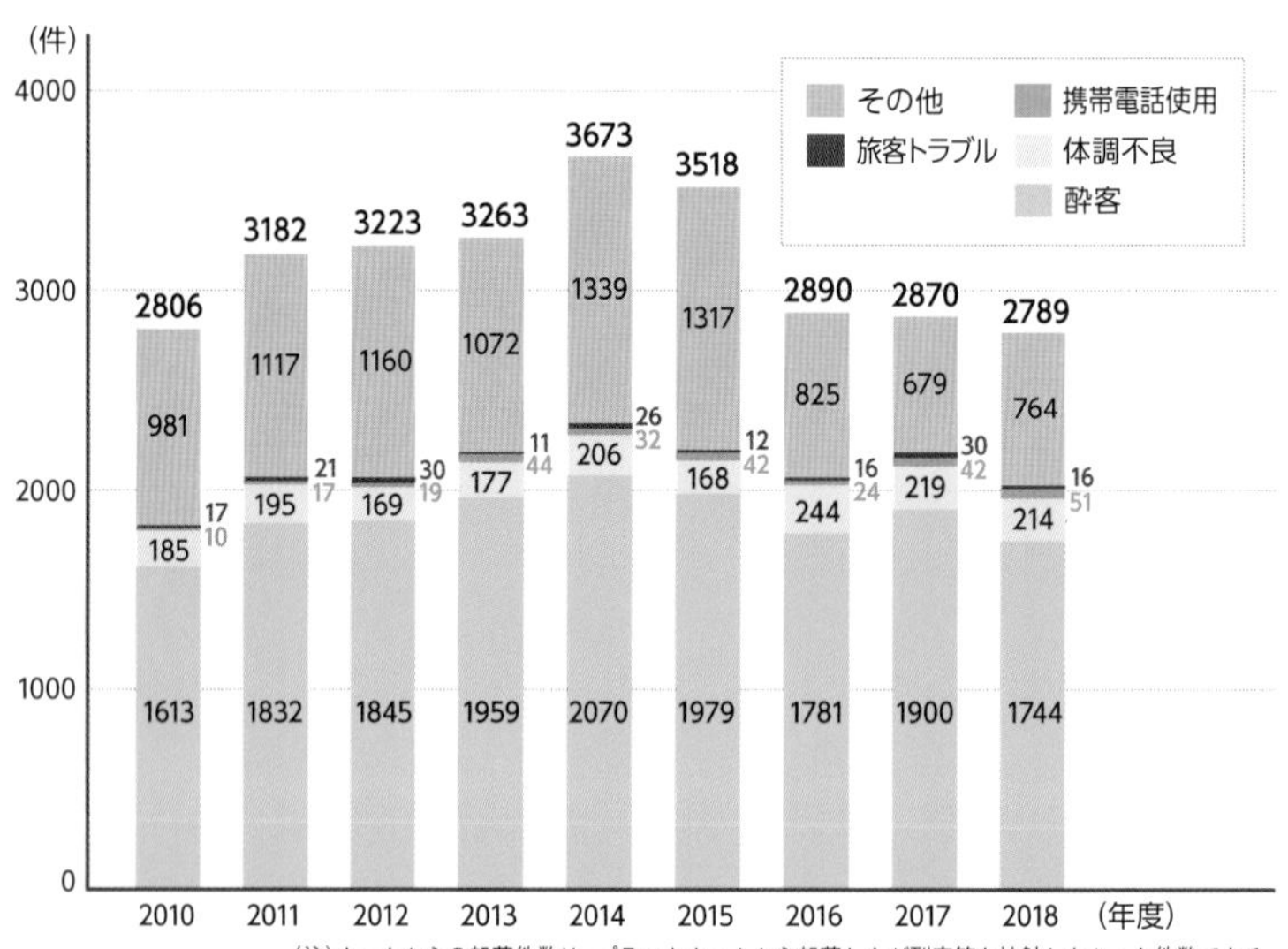

(注)ホームからの転落件数は、プラットホームから転落したが列車等と接触しなかった件数である。
(注)ホームからの転落件数及び転落要因は、鉄軌道事業者が把握している件数である。
(注)自殺等故意にホームから線路に降りたものは含まれない。

ホームからの転落の要因別件数の推移

酔客は千鳥足になったり足元がふらつくなど、予期できない行動も多いのでたいへん危険です。特に繁華街エリアの駅への進入時には、いつでも非常ブレーキをかけられるようにします。

出典:「駅ホームからの転落に関する状況」(国土交通省)

ホームにおける人身事故の曜日別発生状況(2002～2014年度合計)

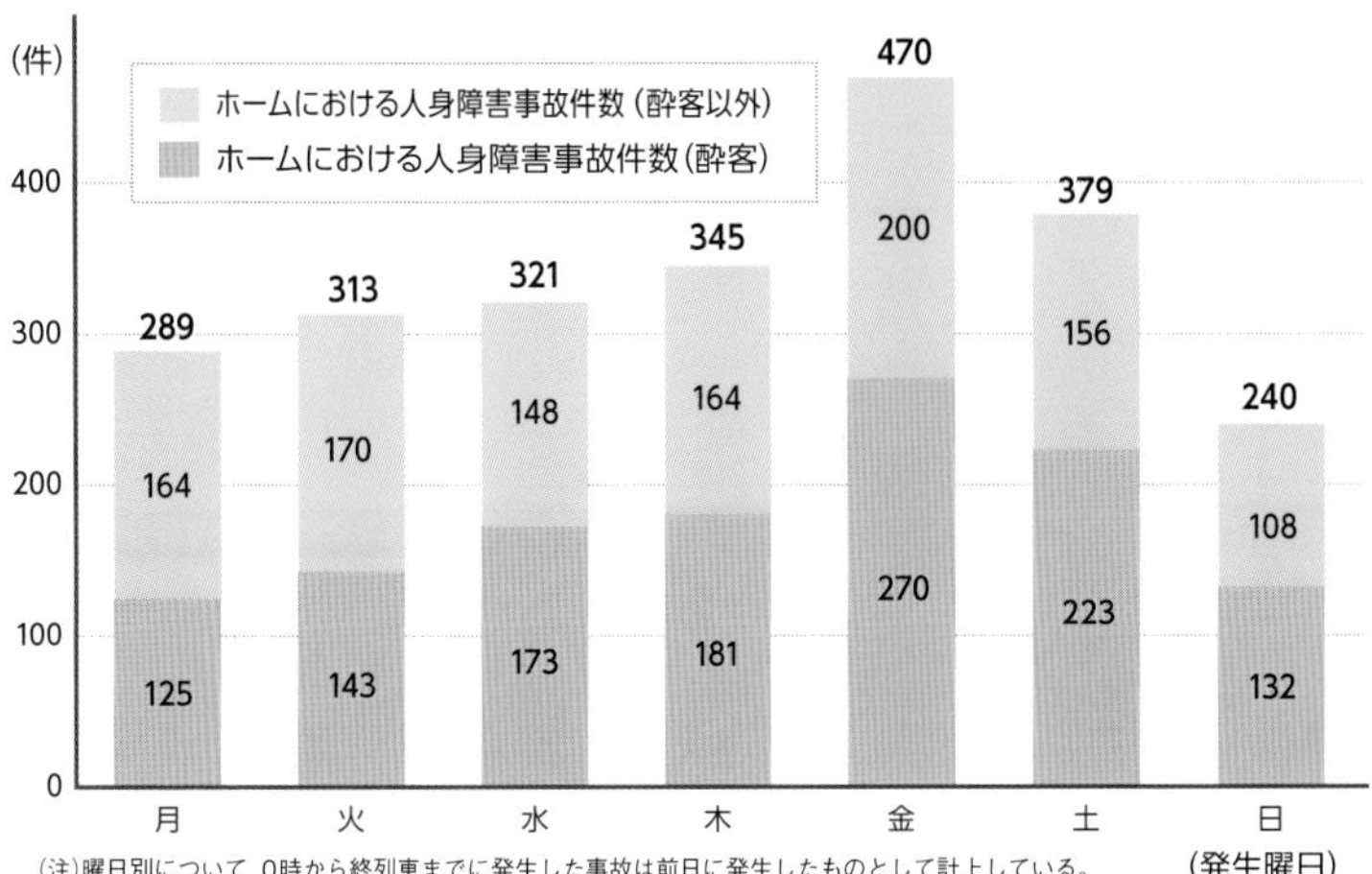

(注)曜日別について、0時から終列車までに発生した事故は前日に発生したものとして計上している。

ホームにおける人身事故障害事故の時間帯別発生状況(2002～2014年度合計)

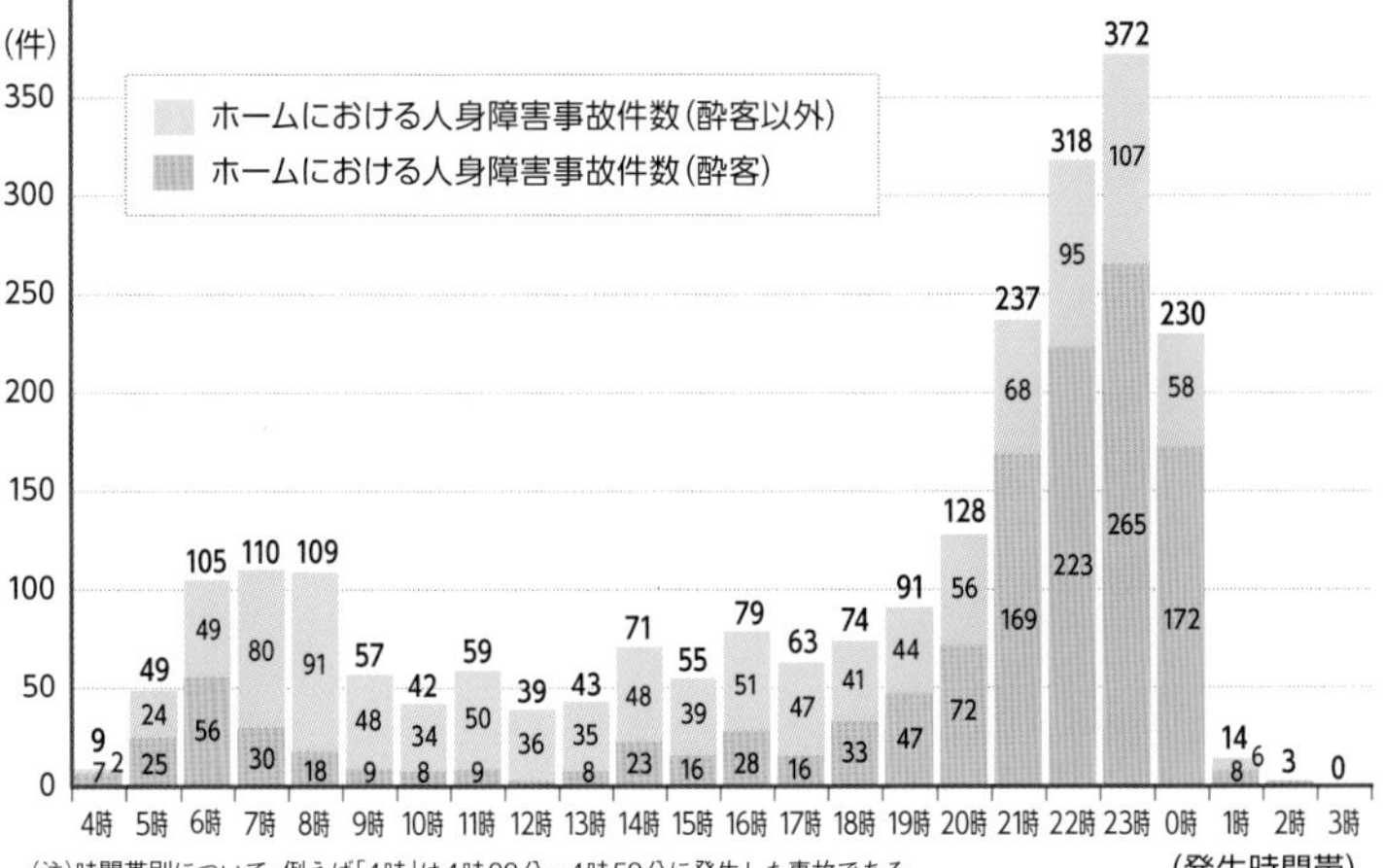

(注)時間帯別について、例えば「4時」は4時00分～4時59分に発生した事故である。

休日前や時間帯が深くなるほど発生率が高くなっています。また、忘年会・新年会シーズンである12月や1月にも、駅ホームにおける人身事故は多くなる傾向にあります。

出典:「ホームにおける人身障害事故の情報」(国土交通省)

11 猛暑日は暑さでレールが本当に歪んでしまう!?

「鉄道」という言葉からも、敷設されているレールが金属であることは想像できるでしょう。レールの材質は一般的には「**鋼鉄**」です。何トンにもおよぶ車両が高速で走行したり、ブレーキをかけたりしているため、それを支える必要があり、相当頑丈にできています。

そんなレールでも、条件さえ揃えば**歪んでしまう**ことがあるのをご存じでしょうか? 気温が上昇する**猛暑日**などは、金属が膨張してしまうことがあります。温度によって物質の熱膨張率が変化することを考えればわかりやすいでしょう。

レールが膨張した場合を想定して、レール同士の継目には「**遊間**(ゆうかん)」が設けられています。列車が「ガタンゴトン」と音を立てて走行するのも、この遊間が原因です。この「遊び」の部分があるので、多少の膨張は問題ありませんが、レールが異常に膨張してレール下の道床・枕木をうまく支えられなくなったとき、金属のレールが横に歪んでしまうのです。この現象を「**張出**(はりだし)」といいます。最近では、気温が40℃近くになる猛暑日が続くことも多く、レールの温度は金属なので50℃を超えることもあります。

列車が張出状態のレール上を運転してしまった場合は、運転時に揺れを感じることで異変に気づきます。もしそのまま放置すれば、後続の列車に脱線や転覆の危険があり、たいへん危険です。運転士は、猛暑日にこのような異常を感じた場合は、**真っ先にレール張出を疑い、ただちに指令所へ報告**しなければなりません。

また、土木・保線担当者によって定期的にレールの温度がチェックされている場合が多く、温度が一定値を超えると、指令所を介して**レール張出に関する注意喚起**が一斉に周知されることがあります。これを受けた運転士は、線路状態に注意して、列車運転を継続する必要があります。

(a) レール張出前

(b) レール張出後

レール張出

金属製のレールが歪むなんて思いもよらないかもしれませんが、過去にはレール張出を原因とする事故も発生しています。

出典：「間接データを活用した線路設備の状態推定手法の開発」『JR EAST Technical Review』、No.48、JR東日本

Column 05

「構内運転士」って知っていますか？

ここまで、列車を運転する運転士の業務を見てきましたが、「列車」ではなく「車両」を運転するための運転士がいます。そもそも、列車は「駅外の本線を運転する目的で組成（そせい）された車両」として定義されています。本線以外のエリア、例えば、車両基地と駅との行き来や駅構内での入換を行うのがこの「**構内運転士**」です。拠点駅では見かけることがあるでしょう。時間帯によって、車両を連結したり、解放したり、定期検査のための工場への出入りが、毎日のように行われています。入換の運転は基本的に25km/h以下なので、低速域での運転となります。

もちろん、構内運転士も運転台の操作や信号の仕組みなどを知っていなければなりません。そのため、一般の運転士が取得する「**動力車操縦者運転免許**」の取得も必要になります（限定免許も可）。構内運転士は駅係員として、駅に配属している場合も多いですが、このように免許が必要なので、「もともと本線の運転士を経験した駅員が、配置転換で構内運転士になる」というケースも多く見られます。

また、工場から始発駅まで車両を移動させ、それが列車として運転できる状態にする「仕立（したて）」を行い、その際、スイッチ類の整備など、安全に関わる点検もします。連結や解放も、限られた時間の中で、複雑な作業をミスなく行うのは、まさしく「職人技」です。構内運転士は列車運行に欠かせない「**縁の下の力持ち**」ともいえます。

第6章

電気機関車、新幹線、蒸気機関車、地下鉄の運転

1 後ろから押されるような「電気機関車」の運転

1－4でMT比について述べましたが、通常の電車が「**動力分散方式**」なのに対し、**電気機関車**は基本的に「**動力集中方式**」です。例えば、先頭の機関車のみの動力で、付随する客車や貨車を牽引する形です。そのため、貨物をたくさん引っ張る電気機関車は、**牽引力が大きく設計**されています。

機関車は、電気機関車だけではありません。蒸気機関車やディーゼル機関車、ハイブリッド機関車なども存在します。なお、**補助機関車**（**補機**）は、勾配での運転補助や列車の牽引力を増加させるために用いられ、前部や最後尾に連結される機関車です。

JR貨物の場合、北海道から九州までをつないでおり、深夜帯を中心として運行しています。国内の貨物列車は、ほとんどがJR貨物で、その他は臨海鉄道など一部で営業されているのみです。都市間の旅客輸送に注力する大手私鉄などでは、現在、自社用の貨物の運用しかしていません。

ちなみに、私も何度か電気機関車を運転しました。電気機関車は貨物などを後ろにつないでいると、**後ろから押されるような感覚**があるので、早めにブレーキをかけたりと、通常の電車の運

JR貨物の営業線

貨物輸送のネットワークは全国各地にあり、一度の輸送で最大650トンという多くの荷物を運べます。環境保全の観点からも近年、再評価されています。

参考:「営業線区間」(JR貨物)

転とは一味違うものです。

近年、環境問題や人材不足の影響で、物流をトラック輸送から鉄道などに移行する「**モーダルシフト**」の流れが動き始め、貨物列車の優位性が再認識され始めてきました。

甲種輸送

「甲種鉄道車両輸送（甲種輸送）」は、新車納入時などに機関車の牽引によってなされます。他社線を使って輸送される様子が珍しいので、多くの鉄道ファンに注目されます。

2 「新幹線」の運転はブレーキハンドルが左、マスコンが右

最高速度300km/h以上のスピードで走行することもある新幹線。その運転士ともなると、鉄道の中でも皆が憧れる花形です。そのため、誰でも簡単になれるわけではなく、社内選抜を経て、厳しい研修と訓練が待っています。また、通常の電車とは異なる**「新幹線電気車運転免許」**の取得も必要です。

運転室の機器で電車と大きく違うのは、**ブレーキハンドルが左、マスコンが右**と反対に配置されていることです。新幹線は停車機会より力行機会が多いため、「多くの運転士の利き手である右手側にマスコンがある」ともいわれています。

列車制御は、ATC（自動列車制御装置）によるもので、線路に信号機が建てられているわけではありません。信号機は車内信号機で、**運転台の速度計のところに制限速度が表示**されます。制限速度を超えると、ATCにより自動でブレーキがかかりますが、制限にかからないよう運転したり、30km/h以下から停車までは運転士が操作するので、完全な自動運転というわけではありません。

それだけではなく、モニター表示を見て列車状況などをチェックしたり、遅延や天候なども頭に入れる必要があります。新幹線の定時運行率は他の鉄道と比較しても高く、その分、運転士による運転条件の緻密な計算も行われています。

H5系の運転台

高速運転なので建植（けんしょく）信号機（線路の近くに立てられた信号機）だと確認できないため、ATCが採用されています。何かあってブレーキをかけても停車できるのは数km先という、ものすごく長い停止距離になっています。

写真：北海道新聞社／時事

3 機関士の腕と体力が問われる「蒸気機関車」の運転

当然ですが、電車は「電気で動く」ので電車といいます。一方、蒸気機関車は蒸気をエネルギーとして動きます。火室（かしつ）に石炭をくべて燃やすと、お湯が沸いて蒸気が発生します。その蒸気の膨張力を使い、シリンダーを経由して動輪を動かします。そのため、SL（Steam Locomotives）というのです。

蒸気機関車には、**機関士**と**機関助手**という異なる役割の人員がいます。そもそも、「運転士」ではなく「機関士」という呼び方です。免許も「**蒸気機関車運転免許**」に加えて「**ボイラー技士**」の資格が必要で、運転方法も大きく違ってきます。

機関士は、電車の運転士の「操作」にあたる部分を担当します。電車のハンドルはマスコンとブレーキが基本ですが、蒸気機関車には蒸気量を調整して速度調整する「**加減弁ハンドル**」を始め、たくさんのハンドルが配備されています。当然、最新の電車に搭載されているデジタル機能はなく、機関士の腕が試されます。

機関助手は、石炭をくべたりする役割ですが、これも技術がものをいい、石炭をくべる量や投入するタイミングも考えなければなりません。

現在、一部を除き蒸気機関車には、ほとんどお目にかかれません。それもそのはず、コストや環境など、さまざまな面で電車のほうが蒸気機関車より優位だからです。何より、火を燃やしてお湯を沸かすので、かなりの高温になります。運転した経験のある人に聞くと、機関士も機関助手も相当な重労働だそうです。

蒸気機関車のたき口
1km走行するのに40kgの石炭と100リットルの水がいるとのことなので、「コスパ（コストパフォーマンス）」が重要視される現代では、とても見合ったものではなさそうです。

蒸気機関車

現在は主に観光としての役割が強い蒸気機関車。環境面のことを考えれば、使い続けるのは難しいのかもしれませんが、大きな煙を上げて走る姿は大迫力です。

4 気が休まらない「地下鉄」の運転は、睡魔との戦いも過酷

地下鉄は、大都市中心部での大量輸送が目的なので、短い間隔で多くの列車を各駅に止めることが多くなります。特に都心部では、ラッシュ時に限らずいつも乗車率が高いので、乗客が原因の遅延が発生する可能性が高く、運転士はラッシュ時以外も、なかなか気が休まらないでしょう。

地下鉄は、最高速度が80km／hとされていたり、たくさんのカーブがあったりするので、高速域での運転ができないことが多いのも特徴です。

地下鉄には**優等列車が少ない**のも特徴です。待避線の設備自体があまりないこともありますが、そもそもの役割が、通勤快速のような速い通勤列車や都市間輸送とは異なるので、一部を除いて**各駅停車が主流**です。

また、地下鉄では通常の2本のレールの横に、もう1本レールを敷いて、そこから集電する**第三軌条方式**（**サードレール**）を採用していることも多くあります。第三軌条方式は、トンネルの断面積を小さくできるなどのメリットがあります。そのため、地下などの、人が誤って立ち入りにくい区間にあります。

何より、地下区間の運転というのは、地上に比べて景色が代わり映えしないので、感覚への刺激が単調になり、眠気に襲われたり、注意力散漫になる可能性もあります。さらには、ＡＴＯ（自動列車運転装置）の区間までもあるのですから、なおさら眠気などが起こりやすくなるので、地上の運転とは少し違った工夫が必要となってきます。

標準発車時刻表
Timetable

平日 Weekdays	
5	15 25 35 45 55
6	05 15 25 34 40 44 49 53 58
7	03 07 10 14 18 23 27 30 34 37 40 43 46 48 51 53 55 58
8	00 02 04 07 09 11 13 16 18 20 22 25 27 29 31 34 36 38 40 43 45 47 49 52 55 57 59
9	02 05 07 10 13 15 18 21 23 26 29 33 36 39 42 45 48 51 55 58
10	02 05 08 11 14 18 22 26 30 34 38 42 46 50 54 58
11	02 06 10 14 18 22 26 30 34 38 42 46 50 54 58
12	02 06 10 14 18 22 26 30 34 38 42 46 50 54 58
13	02 06 10 14 18 22 26 30 34 38 42 46 50 54 58
14	02 06 10 14 18 22 26 30 34 38 42 46 50 54 58
15	02 06 10 14 18 22 26 30 34 38 42 46 50 54 58
16	02 06 10 14 18 22 26 30 34 38 42 46 50 53 57
17	00 03 06 08 11 14 17 20 23 25 28 30 33 35 38 40 43 45 48 50 53 55 58
18	00 03 05 08 10 13 15 18 20 23 25 28 30 33 35 38 40 43 45 48 50 53 55 58
19	00 03 05 08 11 14 16 19 22 25 27 30 33 35 38 41 44 48 51 54 57
20	00 03 07 10 13 17 20 24 28 32 36 40 43 47 51 54 58
21	02 05 09 12 16 20 23 27 32 36 40 44 49 52 55 59
22	04 09 14 19 24 29 34 39 44 49 54 59
23	04 09 12 15 19 24 29 34 39 45 50 56
0	03 08

地下鉄の掲示板
大阪メトロ・梅田駅の時刻表。平日８時台は２段になっているほど本数が多く、その他の時間帯も普通電車のみで多数の列車が運行していることがわかります。

地下鉄の運転席から見た景色
天候や昼夜にかかわらず条件が変わらない地下鉄区間は、運転しやすいというメリットがある半面、単調ゆえに引き起こしやすいミスもあります。

Column 06

運転士という「職業」は将来なくなってしまうのか？

昨今、自動運転を前提とするドライバーレス運転（運転士は乗務しないが、係員は乗務する）への取り組みが、JR東日本などでは盛んで、将来の実現に向けて、日夜研究が進められています。

東京の「新交通ゆりかもめ」などは、すでに無人運転ですが、**ホームドアの設置や高架運転という条件が整っているため実現**しています。

無人運転は、通常の列車には難しそうに思えますが、法令の整備や、現在は運転士が行う緊急停止の操作の自動化など、安全を担保できることが実証されれば、運転士がいない列車が当たり前の日も、そう遠くないのかもしれません。また、労働人口の減少による運転士不足は、地方を中心に深刻化しています。このままだと将来、運転士という職業はなくなるのでしょうか……？

私が心配なのは、鉄道業界で優秀な人材が育たなくなることです。少なくとも国家資格に合格し、さまざまな知識を持つ運転士は将来、管理職や指令所、本部などのキャリアが用意されています。それは豊富な知識技能を持ち、後継者を育てたからです。鉄道は、プロ同士が切磋琢磨して高め合い、醸成してきた職場や会社、ひいては業界なのです。

技術の進歩はすばらしいですが、もし無機質で魅力が失われた業界になれば将来、優秀な人材は果たしてどのくらい集まるのでしょうか？　まさに今が、その過渡期といえるのかもしれません。

おわりに

私は鉄道会社を退職後、シンガポールの外資系企業に転職しましたが、働く環境が「180度違う」とは、まさにこのことでした。鉄道会社と外資系企業、どちらの企業文化も否定するわけではありませんが、あまりの違いに、慣れるまで時間がかかりました。

鉄道会社では一人の「運転士」を育てるとき、ただ「マニュアルを伝えて、その通りに覚えればOK」、というような職種だとは考えていません。まずは、「土台」ともいえる「運転士になるにあたっての心構え」を、懇切丁寧に説かれます。業務知識を取得する前に、**「生命の尊厳の認識」「遵法精神」「心身の健康の大切さ」**などを、多岐にわたり説かれます。私が教習所に通っていたころは、道場で座禅を組み、精神統一をしたこともありました。

効率一辺倒の体質とは正反対の、ある意味「時代錯誤」なことかもしれません。しかし、そのような経験を経て、少しおおげさな部分もあるかもしれませんが、運転士としてのマインドが植え付けられるのです。ですから、運転士一人ひとりが「なぜそのようなことを知らなければならないのか」ということを理解し、大切さを知っているはずです。**そのような考えを持った個々人が長年勤め上げ、教導運転士となって弟子を育て、ＤＮＡを組織に脈々と残しているの**です。

一方、少子高齢化・人口減少の問題が叫ばれて久しいですが、鉄道業界にもその人財不足の波はやってきています。『Ｃｏｌｕｍｎ ６ 運転士という「職業」は将来なくなってしまうのか？』でも述べた通り、閑散路線だけではなく、都心においても、ワンマン運転やドライバーレス運転、無人運転までもが検討されています。さらにはアウトソーシング化、外国人労働者の受け入れにまで話は及んでいます。業界の構造は大きく変化し続け、「はじめに」で述べた、私が幼稚園に通っていたころに憧れた運転士とは役割が変わり、今後も大きく変わっていくでしょう。テクノロジーの進化で、運転士が「プロフェッショナル」な職種ではなくなり、結果として優秀な人を減らしているのであれば、とても残念です。

一方、技術の進化は当たり前で、「安全」という観点から考えれば、事故を防ぐ対策はこれからも進歩しなければなりません。もし将来、運転士がいなくなり、この本が過去の遺物になる日がきたとしても、運転士に代わるさまざまな職種の方々が多方向から、鉄道の「安全、定時、快適」を支えるでしょう。そのとき、この本が「昔、運転士というプロフェッショナルがいた」ことを、後世へ語り継ぐための一助になれば幸いです。

最後になりましたが、私にとって初めての著書をつくるにあたり、運転技術について改めてアドバイスをくれた、私の師匠を始めとする鉄道関係の諸先輩、その他、今日も安全運行に取り組んでおられる鉄道現場で働く職員の方々、執筆のきっかけを与えてくれたビジュアル書籍編集部の石井さんに、この場を借りて、改めて御礼申し上げたいと思います。

2020年7月　西上いつき

主要参考文献

●書籍●

『わかりやすい運転操縦実務』
わかりやすい運転操縦実務研究会/著、日本鉄道運転協会、2015年

『史上最強カラー図解 プロが教える 電車の運転としくみがわかる本』
谷藤克也/著、ナツメ社、2009年

『電車の運転』
宇田賢吉/著、中央公論新社、2008年

『定刻発車』
三戸祐子/著、新潮社、2005年

『定刻運行を支える技術』
梅原 淳/著、秀和システム、2016年

『解説 113系近郊形電車』
113系電車研究会/編、交友社、1984年

『新幹線の科学 改訂版』
梅原 淳/著、SBクリエイティブ、2019年

『鉄道信号・保安システムがわかる本』
中村英夫/著、オーム社、2013年

『鉄道そもそも話』
福原俊一/著、交通新聞社、2014年

『図解入門 よくわかる 最新鉄道の基本と仕組み』
秋山芳弘/著、秀和システム、2009年

●ムック●

『図解でよくわかる 今乗りたい鉄道大百科』
ジェイティビィパブリッシング、2014年

●雑誌●

『RRR (Railway Research Review)』
2008年7月号、2009年12月号、2014年8月号、鉄道総合技術研究所、研友社

『鉄道総研報告 (RTRI Report)』
2014年5月号、鉄道総合技術研究所、研友社

『鉄道車両工業』
485号(2018年1月号)、474号(2015年4月号)、日本鉄道車輛工業会

●論文●

「鉄道車両のブレーキ制御技術」
『計測と制御』、第56巻、第2号、2017年2月号、中澤伸一、計測自動制御学会

索引

索引（つづき）

著者

西上いつき（にしうえ いつき）

大阪府出身。関西大学商学部卒業後、名古屋鉄道株式会社に入社し運転士・指令員などを経験。同社を退職後、シンガポールの外資系企業にて国際ビジネス経験を身につける。その後、経営企画部門等を経て、2019年にIY Railroad Consultingを設立。現在は東京を拠点として、コンサルティング、業界セミナー、海外向け事業等を行う。また、鉄道アナリストとして『東洋経済オンライン』『ダイヤモンドオンライン』『乗りものニュース』等にて記事を執筆中。東京交通短期大学 特別講師。

本文デザイン、組版：近藤企画（近藤久博）

校正：曽根信寿

写真協力：時事通信フォト、photoAC、photolibrary、PIXTA、shutterstock

電車を運転する技術

2020年8月25日　初版第1刷発行
2022年3月30日　初版第3刷発行

著　　者　西上いつき
発 行 者　小川　淳
発 行 所　SBクリエイティブ株式会社
〒106-0032　東京都港区六本木2-4-5
電話：03-5549-1201（営業部）
装　　丁　渡辺　縁
編　　集　石井顕一（SBクリエイティブ）
印刷・製本　株式会社シナノ パブリッシング プレス

本書をお読みになったご意見・ご感想を、下記URL、右記QRコードよりお寄せください。
https://isbn2.sbcr.jp/07173/

ISBN 978-4-8156-0717-3